乳房心意

没人教过的胸罩知识

（美）卢西亚尼/著　　（美）拉尔夫·沃兹/图

袁　颖/译

天津出版传媒集团

百花文艺出版社

图书在版编目（CIP）数据

乳房心意：没人教过的胸罩知识 / （美）卢西亚尼
(Luciani, J.) 著；袁颖译. -- 天津：百花文艺出版社，
2012.9
　　ISBN 978-7-5306-6155-0

　　Ⅰ．①乳…　Ⅱ．①卢…　②袁…　Ⅲ．①胸罩—基本知
识　Ⅳ．①TS941.717.9

中国版本图书馆CIP数据核字(2012)第210293号

THE BRA BOOK: THE FASHION FORMULA TO FINDING A PERFECT BRA
By
JENE LUCIANI, FOREWORD BY ANN DEAL
Copyright © 2009 by JENE LUCIANI

This edition arranged with SUSAN SCHULMAN LITERARY AGENCY, INC.
through Big Apple Agency, INC., Labuan, Malaysia.
Simplified Chinese edition copyright:
2012 by BAIHUA LITERATURE AND ART PUBLISHING HOUSE
All Rights Reserved.

天津市版权局著作权合同登记号图字：02-2010-254

天津出版传媒集团
百花文艺出版社出版发行
地址：天津市和平区西康路35号
邮编：300051
e-mail：bhpubl@public.tpt.tj.cn
http://www.bhpubl.com.cn
发行部电话：(022)23332651　邮购部电话：(022)23332478

全国新华书店经销

淄博方正印务有限公司 印刷

＊

开本 720×970 毫米　1/16　印张13.5　插页2
2013年1月第1版　2013年1月第1次印刷
印数：1-5000册　定价：54.00元

致谢

特别感谢我的丈夫比尔(Bill)，他花了数月的时间来照料我的生活，让我得以不间断地写作此书——他不仅需要应付洗碗池中一摞摞的碗碟，还要日复一日地听我没完没了地唠叨关于胸罩的话题。

还要特别感谢安·迪尔(Ann Deal)，感谢来自时尚造型公司团队的大力支持，感谢胸罩设计大师塔拉·卡沃西(Tara Cavosie)的信任并帮助把一切付诸实现。

格外感谢优秀的经纪人克里斯蒂娜·霍姆斯(Kristina Holmes)和麦克尔·埃贝泠(Michael Ebeling)对我及此书的信任，他们关于"胸罩全书"的出色创意如此准确到位，当然还有本百乐图书公司(BenBella Books)的团队，尤其是格伦·耶菲斯(Glenn Yeffeth)，他对此项目自始而终饱含热情，还有利厄·威尔森(Leah Wilson)，对于此书，她应与我共享荣耀，如今她已经成为她自己小圈子里的胸罩专家。

感谢经验丰富的编辑珍妮特·C.布雷克(Janet C. Blake)，帮我整合了那些令人尴尬的逗号接合，连缀句子，让我的文字像模像样。感谢我的好友兼合作拍档朱迪·莱德曼(Judy Lederman)，当我说："我要用整整一本书来说胸罩这一件事！"我得到的回答是："放手干吧！"

感谢插图画家拉尔夫·沃兹(Ralph Voltz)和整体设计基特·斯威尼(Kit Sweeney)，是你们让我的文字栩栩如生。

感谢超级名模贝弗莉·约翰逊(Beverly Johnson)在这里与我们分享她自己的故事，感谢本书中我采访到的男男女女（尤其是前摔跤手"地域之火"以极大的勇气说出自己的所思所想。对于有可能会对此话题抱以咯咯傻笑的人，希望你们可以从中获取有用的和有建设性的信息——虽然偶尔幽了一默，但不会是令你忍不住大笑出声的那种。

感谢我的杂志同仁和媒体伙伴，感谢你们一直以来的支持，还有渐红人力（Get Red PR）的安玛丽·尼维斯（Ann-Marie Nieves）；感谢詹尼弗·坎宗尔瑞（Jennifer Canzoneri）和安德瑞尼·朗（Adrienne Lang），以及本百乐图书公司的营销团队；感谢布罗姆利集团（Bromley Group）为此书所做的持续不断的宣传工作。感谢纳尔逊制造公司（Nelson Made）的罗勃特·瑞得蒙德（Robert Redmond），是他通过网址 www.thebrabook.com 告知网络社区用户，并保证通行密码与搜索引擎畅通无阻。

感谢乔（Joe）、麦克尔（Michele），以及斯卡斯戴尔（Scarsdale）沙龙团队（我私下叫它"魅力纵队"），是他们让我时刻光彩照人。当然，还有丹·多伊利（Dan Doyle）所摄的那些超棒的照片！

感谢吉吉（Gigi），我写作此书的时候，她尚在我腹中。是她让我的胸罩尺码激增，对此，我感激不尽！我琢磨着是不是你出来后立马就会跟我谈论罩杯型号和肩带尺寸的问题呢！感谢格兹莫（Gizmo）和特鲁布利斯（Troubles），在我沉浸于研究的日日夜夜给予我陪伴。感谢我的继父莱尔（Lyle）督促我去上英文课——尽管尚属初级阶段，以及他远已超乎父亲角色的付出。

最后，我要把同样的感谢，送给罗丝（Rose）和莱尔（Lyle），托尼（Tony）和麦克尔（Michele），史蒂夫（Steve）和尼娜（Nina），以及我所有的其他家庭成员、朋友以及合作伙伴，感谢你们自始至终为我赴汤蹈火却在所不辞——没有你们，我的梦想便无法达成。

目 录

贝弗莉·约翰逊

超级名模贝弗莉·约翰逊致本书读者的信

亲爱的本书读者：

提笔写下此文的时候，距离我作为第一个非洲裔美国人首度荣登《时尚》杂志封面已经有35年的时光。人们说，我是黑人超模第一人，这令我感觉无上荣耀。回顾我的职业生涯，我会想，在这样一个自身公众形象就是一切的行业里，我都经历了些什么。作为一名模特、演员，同时又是一位母亲、企业家、作家、活动家和运动员，我每天都必须精力充沛、着装得体并且要接受自己的身体。这是一个持续的过程。同大多数女性一样，我也是花了很多年的时间才对自己的肌肤感觉受用。

我在纽约州布法罗市附近的一个小镇上长大，是个不错的游泳选手，对我来说，我的身体运动时就像一艘船。但我对自己的身体并无自觉，当然，也毫不了解。即使它就在那儿。虽然我哥哥开玩笑说我"身材扁平像块熨衣板"，我也从不往心里去。但我还是很嫉妒我的小妹妹，只因为她比我发育得更好。男孩子们似乎都爱围着她转。

直到我成为一名模特，我的身材被追捧，我才开始考虑到我的乳房。说实话，这很大程度上源于我要成为一名内衣模特的梦想。内衣模特的胸围尺寸往往是我们这些普通模特的两到三倍。西尔斯商品目录里那些内衣内裤模特赚得盆满钵满，我也要！她们甚至不需要巨大的更衣箱，只消有深邃的乳沟就够了。如今，她们俨然与"维多利亚的秘密"（译者注：VS，全球最著名的性感内衣品牌之一）旗下的女模们同等价位。在整个模特产业中，内衣模特是巨擘。我一再请求我的经纪人为我联系这类工作，但我得到的答复一概是："你并无内衣模特的身材。"我最终受制于我所欠缺的东西——饱满的乳房。80 年代，我曾经尝试过"肌肉绷紧法"——一种通过将双臂同时绷紧来增加胸围尺寸的方法。每天晚上，我这样做 15 次。不用

问，毫无效果。

我于是放弃了做内衣模特的梦想，继续享受我在模特业界所获得的成功——我已登上超过 500 家杂志的封面。对于最新流行款式和杂志编辑们来说，他们全都希望你看上去如同"人间尤物"——如今此风依旧，因此"有胸"也令人不以为然。我曾经无意中听见一位设计师提到一位模特时这样说："噢，她的胸简直大到骇人！把我的设计都毁了，我可不能用有这么大胸的模特！"我的娇小身材则恰到好处。

无论你的乳房是大是小，本书教给你的，不仅仅关于胸罩和你的乳房，还教你如何对造物主赋予你的本真模样感觉良好，以及让你永远以平和的心态对待自己的乳房。鉴于我们中有很多人常会苛责胸罩的不适感，以及自己乳房的外观，大家着实应该读一读这些章节，这些文字教你如何拥抱自己的所有，并与之相处。我多么希望当我在时尚界崛

起之时就拥有一位这样的导师。当时，没有人告诉我，我所拥有的即是好的，对于那些拥有我自以为缺少的东西的人，我只是一味羡慕。

近年来我学到了很多，其中相当多的经验还是从教训与错误中得来的。但是我知道，只要你对自己的身体感觉良好，并努力地把自己所具备的东西发挥到极限，你就永远不会偏离前进的轨道。无论是一只让你感觉自己丰满了许多的胸罩，还是一只在你实施了乳房切除术后令你重获"完整"感觉的胸罩，当你找到了那只正确的胸罩，它真的可以改变你的一生。胸罩自其诞生以来经历了漫长的发展过程，对于我自己来说，亦是如此。我希望你们大家也同样正行进在这样的旅程中。

爱你们的，

贝弗莉·约翰逊

安·迪尔

前言

——时尚造型公司创始人、总裁安·迪尔

从很多方面来看，一位胸罩设计师都必须得是一个魔术师。作为像时尚造型公司这样一家世界知名的专事胸罩及其配件生产的公司的创始人和总裁，在过去这 30 年的打拼中，我知道，没有哪两位女性，或是哪两只乳房是一模一样的。胸罩生产并非一种绝对的科学——自始至终也不会是，这让我们的身材得以再造。胸罩设计者所要面对的挑战基本上与鞋匠们是一样的：每个人的脚都是不同的。有的人脚肥些，有的人脚瘦些。与乳房是一样的，女性的两只脚在大小与外形上会略有不同。但是所有的脚都会被划分成基本的尺码。这也就是为什么说在"迎合大众"方面，设计生产胸罩的工艺无异于魔术技艺的原因。如果"迎合"得不到位，这只胸罩就将是不受欢迎的。

在我广阔的职业生涯里，我曾经跑到世界各地去设计和生产最棒的胸罩及其配件。我将我拥有的专利变为内衣业的产品，再把这些拥有我专利与发明的产品发往全美各主要零售连锁店和专卖店。我拥有美国和法国双重国籍，只为了可以方便在法国做生意，我还应加拿大一家非常棒的连锁店之邀在那里建立起分销中心，同时，在美国本土和中国完成绝大部分的生产。通过融合世界各地的资源，时尚造型公司业已成为一个全球性品牌。我在各处所遇的挑战如出一辙：如何生产出高品质、合身而又极富创新感觉的胸罩，以满足不同消费者因完全不同的型号尺寸而产生的五花八门的需要。

在过去的数年间，我所拿出的每一件产品都是基于市场的需求，但并非所有这些市场需求都与合身相关。我的公司率先为美国市场提供出最初的拢胸胸罩，

妇女们因此首度可以不必借助外科手术，自然地增大胸围尺寸。我还陆续推出了胸垫以及具有突破性意义的露背无吊带胸罩。

胸罩产业实际上是一个解决引擎。当露背衣裙成为时尚，就要有与之配套穿着的胸罩。一旦大秀乳沟的低胸装在媒体中铺天盖地而来，我们这些胸罩生产商就要以更新、更棒的拢胸胸罩作为回应。近来，第一夫人米切尔·奥巴马（Michelle Obama）漂亮而富光泽的双臂成为人们热议的话题。与此同时，我们那种后肩带锁在一起，可以在穿着T恤的时候将手臂裸露出来的胸罩随即便在商店里卖到脱销。不管你是像拉克尔·韦尔奇（Raquel Welch）、泰瑞·海切尔（Teri Hatcher）那些正准备去走红毯的好莱坞巨星，还是欲与复杂精细的礼服相搭配，特意前来向我寻求帮助的其他女星，抑或只是为了某个特殊场合的着装煞费心思，胸罩生产商的工作就是为你的生活难题提

供真正的解决方案。

此刻，你手中正捧读的这本书，是另一种解决方案。如果说，我和其他胸罩生产商提供的是解决方案的话，这本书的内容则是教你如何寻找到这些解决方案并且加以利用。我投身于胸罩产业，致力于帮助女性朋友，并使胸罩产业可以更上层楼，这本如同教科书一般的胸罩书，正是我们女性朋友所需要的。人们总是对我说："你应该写一本关于胸罩的书。"现在，我参与其中，并确信它将会对女性朋友有所助益。从而帮助你找到真正适合你的胸罩，同时也令胸罩"物超所值"，本书将从方法上和常识上助你寻找到你梦想中的胸罩。

时尚造型公司的信条是：以想象为基准。我想象着这个世界上的女性朋友对自己的胸罩满意，并可以自我感觉良好、抬头挺胸地前进。我毕生的工作就是帮助女性朋友，使她们看上去更加有型，更加性感，并且更加身心自如。一位女性朋友曾经写道，胸贴改变了她的生活。听到这个我无比开心！我真心希望这本书，以及这份推荐语，同样可以改变你的生活。

珍妮

自序

2004 年，在我的婚礼上，我的好朋友梅莉莎站出来发言，五年后的今天，言犹在耳。她这样开场："自从我认识珍妮以来，她一直都在寻觅完美——完美的伴侣，完美的工作，完美的发色。"她的话自然博得满堂彩，但她的所言的确与我产生了共鸣。

作为女人，我们真的是永远都在寻求完美——对待胸罩，亦是如此。女性对于完美胸罩的渴求——对于既能让她看上去有型，又能让她感觉舒适的胸罩的渴求，永无休止。我告诉过很多女性我正在写作此书，她们中没

有一个人说，我才不会使用这样的指南去帮助自己选购胸罩，基本上所有人都说："为什么之前没有人想到这个呢？"

在过去我三十多年的生命中，我目睹了胸罩带给女性朋友们的一系列情感纠结：否定——"但我的尺寸是 34C！"；愤懑——"我的胸罩穿着太不舒服了！"；困扰——"我怎么就找不到一件合适的呢！"；悲哀——"我现在必须得穿那种有提升效果的胸罩了！"……如此这般，你都可以想象。我只是想知道，为什么没有人来帮助我们呢？为什么没有人来

帮助我们就那些尺码体系进行"扫盲"，或者至少提供一些内衣的基本信息给我们，要知道这些对我们的生活如此重要！

我们对胸罩关注有加，实属事出有因。一只好的胸罩可以让我们"秀外慧中"。胸罩支撑乳房，保护乳房，掩盖缺陷，提升魅力。好的胸罩可以令我们变得自信又性感——女人理当如此！

胸罩的作用在于改变我们看待自己乳房的方式，它关乎自我感觉，比其自身功能更加重要。社会中的女性，其乳房常常成为被认可、被评判的标准。不妨问问多莉·帕顿（Dolly Parton）和帕米拉·安德森（Pamela Anderson）的感受吧。其实我们也总是这样自我评判的。于我而言，我的乳房——我的"变异乳房"——在自我认同中所占比重相当之大，甚至于，除了它们，我不知道我还有其他什么！

我已记不清楚究竟何时我的身体开始发生了微妙的变化。

02

1986 年的时候，我的父母正闹离婚。我们的家在纽约州北部一个小镇上，作为家里的独生女，彼时的我正值孩提时代。我有大把的时间独处，在我家附近，不足百步就有一家麦当劳。作为对自己独孤感的一种补偿，9 岁的我总是吃得太多。我体形笨拙，身材滚圆，烫着卷发，戴着牙套。我和学校里的那些女孩子完全不同。

到了中学的时候，已经非常明显，我发育得要比周围的其他女孩子慢——虽然我还不知道我要发育成什么样儿。每次上完体操课，在更衣间里，我会观察其他的女孩子们，注意到她们悄悄发育的女性特征，比如说阴毛，而我依然光溜溜的如同个孩子。我请求妈妈，让我也像我的朋友们那样刮去腿上的汗毛——尽管基本上没有什么可刮的，只因我那么强烈地想跟其他人一样！在唱诗班，坐在我后面的同学用手指在我的后背上摩挲，然后喊道："我没有摸到胸罩带啊！"那时候，几

12 岁时的珍妮

英寸！并且迅速地甩掉了婴儿肥。牙齿矫正器被拿掉了，自来卷还在，但已经被我打理得很好。尽管我已经有了初恋男友，但是依然无法撼动自我认为的"胖女孩"形象。那一年，我甚至领衔了学校排演的剧目。那是一出音乐剧，在剧中我要亲吻一个男孩子！我明星一般的嗓音给大家留下了深刻的印象，我成为学

乎班上的所有女孩子都已经不再使用训练胸罩了，而我，甚至连训练胸罩还都没有戴过。于是，我又一次恳求妈妈，我这才有了一只那样的胸罩——尽管我实在没有什么可以往里面放的。

　　转年，我开始跳跃性地发育——确切地说，我一年长了6

校热议的话题。在接下来的高中时光里，我带领拉拉队在当地一次模特比赛中胜出——当时，我真的不敢相信他们竟然选择了我！我开始真正地破茧而出！也正是在这一时期，我意识到我的身上还有地方不对劲，但究竟不对劲在哪儿，我不知道。我依然与

众不同——不是身体内部，而是外衣之下。

当我的乳房终于发育，我发现它们不太正常。我的乳房左右发育不均——左边的乳房远比右边的小——而且右边的乳房浑圆，但左边的更像是圆锥形。医生向我保证这并无病理上的原因，但当我裸露在镜子面前的时候，这话无法抚平我的感受。我的朋友们对此一无所知，甚至连妈妈都不知道。我不愿在更衣室里当着其他女孩子的面换衣服，尽量在教室里多磨蹭一会儿，这样就不必暴露人前。因为迟到，体操课后的那节课我几乎要被"当掉"，可我不在乎，我只是不愿意让别人看到真实的我。

"维多利亚的秘密"生产的魔术胸罩成了我的救命稻草。这种胸罩有可拆卸下来的胸垫，我保留左罩杯中的胸垫而将右罩杯中的那片拿下来，这样从外表看来，我两边的乳房在形状大小上无异。这家公司还生产泳装。但是跟

同班同学一起的诸如海边春假之类的集体出游依然辛苦，我总要极力在朋友们面前掩饰我那见不得人的秘密。而当我在高中时期跟男孩子们约会的时候，胸罩也从未暴露过。我盘算着如果他们永远也不知道这个秘密，那么他们就会永远认为我与常人无异。

从那个八十几人的高中班上毕业之后，我进入了一家五千多人的学院，遇见了更多的男孩子。我格外卖力气地跟更多的男孩子约会，以便让人们知道我和其他女孩子一样魅力非凡。这是一种病态，以填补我的自尊和自负。我和一小撮女生联谊会的姐妹结成死党，但却从未感觉自己融入其中，我的乳房成了我一直背负的负担，让我毫无安全感可言，让我总认为自己是和她们不一样的。具有讽刺意味的是，大一的那年暑假，我在当地卖场里的一家"维多利亚的秘密"店打工，每天目睹那么多女性毫无顾忌地在我面前裸露出乳房量尺寸，这令我羡慕

不已。

一天晚上，我在结束实习回到家里之后，跟妈妈和继父一起坐在晚餐桌旁，我再也无法抑制这种情绪，终于潸然泪下。我的乳房剥夺了我的生活——它们决定了我如何看待自己，只要它们一直这样不合常理，我就永远感觉自己像是个外星人。

妈妈带我走进卧室，我终于将自己隐瞒了那么久的东西暴露在她面前——就是这不规则的两坨肉将我抓牢，令我无法尽享我的生命以及我的青春岁月。彼时，我已经面临大学毕业并且应聘到当地电视台正等待录用。我的父母说，他们会支持我的任何决定，尽管在我们那个小地方，塑胸手术几乎闻所未闻，他们还是鼓励我约见外科大夫咨询一下。这一年年末，我开始着手这件事。我越来越清楚，如果我想要步入人生的下一个阶段，我就必须要认真对待这件事——不计代价和痛苦。我愿意让我身体上可以证明

我是一个年轻女子的这部分被刀割并留下伤疤，唯此，我方可"正常"。我知道，完美是一个可望不可及的目标。我不需要完美，我只要和其他人一样。

毕业之后的几个月，我找到了一位我喜欢的外科医生并与之预约了时间。手术中，医生在我乳房的肌肉下方植入生理食盐水袋（那时候硅胶尚被禁用），一边比另一边稍大，以纠正两边大小的不对称。然后医生对右侧乳房施以提升术，以令右侧乳房在外形上与左侧无异。手术进行得相当顺利，除了术后数日那种剧烈的疼痛与恶心。

之后的几年，我尽享我重获的新生。我和很多男孩子约会，自信地在他们面前脱去 T 恤。我极尽所能地将那些藏匿的魔术胸罩付之一炬，购买那种不带胸垫的胸罩，诸如此类。我真空上阵，穿露背背心，穿背后系带的比基尼。我终于感觉自己正常了，我终于感到自己有所归属了。

但是几年之后，在我嫁给了一个叫比尔的迷人家伙之后，我参加了一次为已婚妇女举办的州际盛会。在化妆间里，我环顾身边的那些女性，对她们的胸部羡慕不已——她们中很多人都已经是几个孩子的妈妈了。我再次注意到自己的乳房与众不同。我还没有孩子，刚刚三十出头，但我的乳房看上去已经不对劲儿了。这一点不容忽视。我的左胸——就是当初小了很多的那边，再度呈现出圆锥体的形状，并开始变形，看上去比另一侧高耸出好多，而我的右乳房则急剧下垂。

我首次手术的伤疤愈合得不错，但我很快就开始意识到，这些伤口要被再次豁开。只是这一次，它们不再仅仅是身体上的伤痕，同样也会是情感上的。我丈夫说他并不介意我的乳房看上去如何，他说他爱的是我这个人，但是此刻的我已经感到痛楚。那是一种隐隐的刺痛，从靠近左乳的方位袭来。我不敢去想象再次手术的事情。魔术胸罩美妙如初，但有些东西已经无法被再度修复。我抑制不住地这样想：我的乳房要到什么时候才能够不再破坏我的生活！

还是上次那个医生，给了我一直孜孜渴求的答案——我被诊断为乳房管腺症，这是一种一侧或是双侧乳房会发展成管状形状的病症。我真的是在患病——一种我与生俱来且无法阻挡的东西！医生说，我的左侧乳房还因为前次手术的植入物而患上常见的并发症，这正是疼痛和乳房变硬、变形的原因。医生说我及时就诊是正确的，并应认真对待这次问题，虽然将上次的植入物取出更换新的会有较高风险。

妈妈问及我是否已经决定将植入物取出，我无法做出决定。那样做也许有益，又或许毫无意义，我只是不愿，永远不愿意再重复原先的那种感受。自从那时到现在，我成长了许多，因其内在而更加完整，我以为自己会永远美丽下去——无论如何，我永远不会忘记那段岁月曾经带给我的感受。

我终于配合医生更换了旧的植入物，此刻，当我写下这些文字的时候，是我刚刚植入新的硅胶后的第五天。我的那对"小宝贝"——我现在这样亲切地称呼它们——看上去真不错。我感觉自己已经准备好再次出发，尽管知道十年后我也许还要再次更换这些植入物，我还是感觉到再度完整。

我为什么要在一本讲述胸罩的书里告诉你们这些呢？长时间以来，我的乳房就是我自我认同的一部分。它们是我众多渴望的源头，这一习惯无法打破。但我愿意尝试，并愿意将我的故事作为本书的一部分，与他人分享。这个世界上，对自身形象无法自我认同的女性又何止一人，大多数情况皆与乳房相关。作为女性，我们对自己常常过于严苛。我们乳房的外观和带给我们的感

受，如同拥有一股力量，或好或坏地左右着自我认同与自我感知。胸罩是其中不可或缺的部分。穿着正确的胸罩带给我们一种非常必要的推动力，提升自信以及其他。而对于这些年的我来说，是胸罩让我感觉到自己于他人无异。这是一小块有力量的面料！

我写作此书的目标是教育，同时，我希望它可以给予你力量。尽管胸罩这东西已逾百岁，但即使它已经在我们衣橱中存在了百年，很多人对其却依然茫然无措，这是不争的事实。当奥普拉宣告美国需要胸罩干预时今众人觉醒。在她的脱口秀上，泰拉·班克斯（译者注：Tyra Banks，美国全能模特，一名优秀的多栖艺人，在演艺、唱歌、舞蹈等诸多领域取得显赫成绩，同时涉足主持。）焚烧掉一件胸罩，以示将胸罩带给我们的诸多困扰、悲哀与愤怒付之一炬。原因何在？我们不了解胸罩，甚至现在，也没有任何地方罗列出所有我们所需的精确而又

简洁的信息，让我们可以一目了然。这本书揭去了胸罩神秘的面纱，不仅告诉你胸罩的原理，还让你知道如何让它服务于你。

　　无论是你全心接纳了自己的身体，还是在某些方面仍有困扰，一如曾经的我，这本书都会以多种方式给予你所需要的支持。就像是你最好的朋友或是你的妈妈，我希望本书成为你旅途当中一个柔和的声音，让你对自己的肌肤以及你的胸罩感到自信。你的胸罩唤起的唯一情感应该是幸福，阅读本书之后，你会知道，的确如此。现在，还需要更多的理由继续翻开书页吗？

第 1 章

胸罩的前尘往事

每个女人都会有历史。有的历史,她会愿意铭记;而有些,她宁愿淡忘。但是提到女性穿用胸罩的历史,总有很多瞬间值得铭记。

不管我们长到多大,我们总会深刻地记得自己穿戴胸罩过程当中的那些里程碑。还记得妈妈带着你到百货商店给你买下第一件训练胸罩时的情景吗,即使那时候好像你还没有怎么发育?抑或是当你意识到小胸垫不知窜到了什么地方的那一刻?

"胸罩陪伴我们人生的每一个阶段,"从业已四十余年的内衣专家玛拉·苏斯坎德·卡尔臣姆(Mara Susskind Kalcheim)如是说,"作为女孩子,你会渴望拥有自己的第一件胸罩;作为年轻女性,你会想要穿件性感的胸罩去见男友,想要那种可以对正在发育的乳房起到支撑作用的胸罩;如果你正准备做母亲,你会需要孕妇专用胸罩以适应不断改变的身材;在你三四十岁的时候,你会需要更加牢固和支撑性更强却仍不失性感的胸罩;而等到你年老的时候,你则会更倾向于舒适性!"

尽管胸罩打上了很深的历史烙印,这一小块带有两个成型罩杯和诸多雅号(乳罩、奶罩、胸衣)的布料的确给我们的社会留下了太多印记!正如 2007 年麦克莱齐报业集团的记者萨曼塔·汤普森(Samantha Thompson)在她的一篇文章中所说:"爱它,恨它,烧毁它,或是拥抱它,胸罩照单全收!"近年来,胸罩更变身时尚教主,其地位无人能及。

在你学习本书所授的有关胸罩的东西之前,了解一下胸罩从何而来相当重要。虽然有半开玩笑的口气,但是这里的一份综述还是比较真实地记载了百年以来胸罩历史上的亮点事件。

胸罩的历史

. . . .

(▶)**1907年**：法国设计师保罗·波列（Paul Poriret）将紧身胸衣（一种使用了数个世纪的塑胸衣，用于将腰部束紧，将胸部托起）放宽松，制作出最初的"乳罩"。美版《时装》（Vogue）月刊首度出现该词。

(▼)**1913年**：众所周知的胸罩诞生方式是，名媛玛丽·菲尔普·杰可布丝（Mary Phelps Jacob）一时心血来潮，将两条手帕加上粉红色的丝带扎成了类似胸罩的内衣。受到朋友怂恿，她将自己的这个设计申请了专利。一年之后，她将这项专利卖给了华纳兄

弟胸衣公司。

1917年：美国进入第一次世界大战，妇女们响应号召停止穿用胸衣以节约钢材。大约两万八千

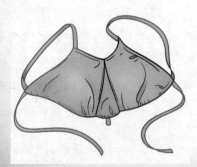

注释1：尽管杰可布丝有可能是最具知名度的胸罩创始人，但是许多人仍然宣称自己才是真正的胸罩发明者，这其中包括媚登峰（Maidenform）的创始人艾达·罗森塔拉。

吨钢材被加工改造成一艘完整的战舰。

(▶)**20世纪20年代**：平板形身材风靡一时。扁平的胸部才时尚，丰满乳房则属禁忌。

(▼)**20世纪30年代**：广告中禁止使用穿戴胸罩的妇女形象，一些公司投机取巧，以模特画像取而代之！

1935年：乳沟再度流行。媚登峰公司的创始人首次将罩杯分成从A到D的不同型号。"A罩杯"被认为是奇耻大辱！

1939年："胸罩"一词正式进入英语词典——尽管"奶罩"一词早在1912年就已现身牛津词典。很少有人知道，在几十年之后，"bootylicious"一词会步其后尘。

05

胸/罩/历/史/回/放

有古谚语道："罗马不是一天建成的。"胸罩的产生过程亦是如此。你知道吗，有人说胸罩一物可以一直追溯至公元前2000年？早期这种类似紧身胸衣的胸罩，从胸前开敞至腰部，将乳房裸露在外，有细皮圈以乳房为轮廓镶嵌在衣边四周作为胸部支撑。

注释2：对于媚登峰公司按照不同罩杯型号进行销售的确切时间，人们持不同意见；亦有人称，早在1922年就有此分类方法。

男孩子们对此欣喜垂涎。

（▼）**20世纪50年代**：在外衣之下亦可制造突出效果的"子弹胸衣"大行其道。包括杰恩·曼斯菲尔德（译者注：Jayne Mansfield，好莱坞50年代的艳丽女明星，被誉为"梦露的替身美人"。）等在内的一众好莱坞一线影星都紧跟潮流。

1951年：Wrapture的充气胸罩需要穿着者使用附带的吸

（▲）**1941年**：第二次世界大战致使制造胸罩和紧身胸衣所需的钢材和其他面料短缺，所以，尼龙之类的弹性纤维成为替代品。

（▶）**1947年**：当舒洁（译者注：Kleenex，全球最知名的面巾纸品牌，多次被美国《商业周刊》评为全世界100个最有价值的品牌之一。）的销售额大幅跌落时，好莱坞影星御用衣（译者注：Frederick's of Hollywood，美国一大内衣品牌，其紫色大楼如今几乎成了好莱坞的象征。）将世界第一件带垫片的胸罩公之于众，翌年，拢胸胸罩接踵而来。

管吹气以使罩杯隆起,常令穿着者呼吸困难。"我们一定、一定、一定要增加自己的胸围"成为一代人的箴言,妇女们开始锻炼胸肌,以期增大罩杯尺寸。

1958 **年**：杜邦公司(DuPont)引入莱卡设计——这是一种即使大幅度拉伸仍能够保持形状的纤维,这让紧身胸衣和胸罩变得更加轻便、舒适,透气性更强。世界各地的妇女、姑娘们因此而受益！

(▶)*1968* **年**：也因此,在亚特兰大市举办的美国小姐选美盛会中,当抗议者将她们的胸罩猛掷进垃圾桶中时,胸罩无疑已经成

07

为美国历史以及女性主义的一个标志。有媒体报道称,前妇女解放组织聚集在一起焚烧胸罩——虽然事件中并无一件胸罩真的被投入火中烧毁。

1969 **年**：旧金山的一位妇女在"反胸罩日"公开除去自己的胸罩,这一日子是为抗议妇女所受社会压力所设。

同年,医疗团体警告妇女们,不穿戴胸罩对身体不利。

1977 **年**：随着慢跑胸罩的推出,

胸/罩/历/史/回/放

《时代》(*Time*) 杂志的一篇文章指出,在 1965 个城市中,胸罩的平均售价为 4 美元。

女子运动员们终于也获得了一些支撑。最初问世的"运动胸罩"由两条男式的那种护身三角绷带组成（呀！）。

1983 年："物质女孩"组合向全世界展示了什么叫做"少，即是多"。麦当娜推出其争议四起的专辑时，身着胸罩亮相，令其粉丝目瞪口呆，但同时也树立了其在时尚史上的霸主地位。这也并不是娜姐头一次借胸罩制造话题。

1985 年：似乎是考虑到对胸部增大的人数不断增长的势头，包括好莱坞影星御用衣在内的众多制造商们开始提供 DD 号以上的大尺码胸罩。

(▶)**1986 年**：好莱坞影星御用衣开设了全国首家"胸罩博物馆"，收藏进之前近百年间名人穿用过的内衣。该博物馆因在其开张 6 年之后的洛杉矶暴乱中遭受掠夺而引起国家有关方面的注意。掠夺者声称在其战利品当中有一条爱娃·嘉德纳（Ava Gardner）穿用过的"灯笼裤"。

1989 年：好莱坞影星御用衣并未置胸小的妇女于不顾，他们首度推出的硅酮加强版胸罩将硅酮物质内置于胸罩之中，被人们戏称为"炸鸡排"，再度让好莱坞的

一件由戴安娜·罗丝设计的紧身衣近期被好莱坞影星御用衣的旗舰店收藏，该店设在前博物馆原址。

星星们"尝了鲜"。

（◀）1990 年：麦当娜在其"金发雄心"世界巡回演唱会的美国一站中，因其以高耸的锥形胸罩造型示人而饱受争议。人们到处警告说："孩子们，不要在家尝试这个，那两个尖会戳穿你们的眼睛！"

同年，一家日本公司推出世界上最大的胸罩，以其胸下围78 英尺 8 英寸、胸最高处 91 英尺 10 英寸的巨型尺码被载入世界吉尼斯大全。

（▼）1994 年："你好，男孩"牌魔术胸罩异军突起，在美国上市

胸/罩/历/史/回/放

虽然人们乳房的形状不同、大小各异，但是衣装之下，女人胸部的"理想"形状却随不同的社会流行趋势因时而异。20世纪20年代，不提倡女人束胸，但是仅仅在几十年之后，女人们就乐于穿用胸罩以让乳房看上去更坚挺。21世纪，女人们已经不惜借用手术刀来让乳房变得尽量浑圆丰满。

后，拥趸者甚众。生产商更宣称，这款胸罩每15秒钟便售出一件。

1995年：男人们首度得到了其专属胸罩——即便仅仅是在电视上。在红极一时的电视剧《宋飞传》(Seinfeld)中，克拉默（Kramer）和弗兰克·科斯坦萨（Frank Costanza）灵机一动想要销售一款男士专用的魔术贴胸罩，却搞不定是该称其为"老兄"，还是叫它"男士胸罩"。

1997年：时尚造型公司推出最初的"水胸罩"，即在胸罩中注入水和油的混合溶剂（油用来防止水蒸发），此举给胸罩业带来历史性变革。当时的头条是，大卫·莱特曼（David Letterman）在其节目中试图令一辆卡车碾压其上，而珍妮弗·安妮斯顿（Jennifer Aniston）称此举仅有被一根筷子敲击的感觉。

1998年：纽约州奥尔巴尼的塔拉·卡沃西（Tara Cavosie）首创了露背无吊带胸罩。时尚造型公司将其投入生产，维多利亚的秘密、内曼·马库斯等零售商迅速独揽该产品的销售权。由于填补了消费者

胸/罩/历/史/回/放
美国的妇女姑娘们正在成长。相关出版物有称，在过去的20年间，最大众化的胸罩尺寸已经从34B增长到36C！

需求的空白，该产品一经面世便几近脱销。

1999年：水胸罩还因在情景剧《威尔和格蕾丝》(Will and Grace)一幕中出现赚得另一个"15秒声

名"。剧中，黛伯拉·麦辛（Debra Mesing）扮演的角色格蕾丝身着水胸罩在晚间出外,胸罩产生了裂缝。水胸罩自此与水床殊途同归,逐渐退出历史舞台,虽然网上还仍一直在售。

2004 年:歌手珍妮·杰克逊（Janet Jackson）在一年一度的美国职业橄榄球超级碗大赛比赛中场演出期间意外露乳,使美国哥伦比亚广播公司遭受重罚。该走光事件后被归结为"超级碗衣柜故

障"。

同年,站在红地毯上的女演员塔拉·瑞德(Tara Reid)无意间露乳,再次说明了穿戴胸罩的重要性,即使身穿紧身晚装亦有此必要。

2005 年:超级名模卡洛利娜·库尔科娃(Karolina Kurkova)在"维多利亚的秘密"时尚秀中身着价值 130 万美元的钻石胸罩,令众人垂涎欲滴。

(▼)2006 年:日间脱口秀女王们每人必胸罩不离口！奥普拉秀特设"胸罩干预"栏目。奥普拉在这档因覆盖所有当下话题和热点问题而名噪一时的节目中称,"美国,你穿错了胸罩",并将自己也算在 85 % 被认为选择内衣不当的女性之列。一场媒体闪电战由此爆发。由超模转型为脱口秀天后的泰拉·班克斯(Tyra Banks)紧随其后,在其主

11

持的节目"泰拉·班克斯秀"中奉献了批驳一班"内裤党",教观众如何选择合适内衣的桥段。

由于众所周知的"奥普拉秀效应",转年度,根据纽约州华盛顿港NPD咨询公司提供的数据,胸罩的销售量暴涨了15个百分点,达到五千七百万美元。

2007年:胸罩满100岁了,依然在随时代变迁。与人们对全球变暖的持续关注相应的是,制造商开始使用诸如竹棉等环保面料生产胸罩。

2008年:泰拉·班克斯秀节目举办了一次"焚烧胸罩"的仪式,泰拉号召观众朋友和目睹此节目的人取缔不合身的内衣。

同年,胸罩成为多种主要杂志上的主题,《型时代》(*Instyle*)、《美国周刊》(*US Weekly*)、《时尚》(*Cosmopolitan*)以及 *Real Simple* 上均出现了诸如"综述炙手可热胸罩之大错"、"寻找最佳胸罩之窍门"、"保养胸罩的适当方法"等内容。博客上面对胸罩的诸多事项也是众说纷纭,更有来自布兰妮·斯皮尔斯(Britney Spears)、德鲁·巴里摩尔(Drew Barrymore)等名人的"支持言论"。

2009年:女性所用的胸罩型号正在变化!一篇文章指出,越来越多的女性会选择DD号,即新C号。零售商也在以更大的罩杯尺寸、更丰富的型号满足人们的需求。

同年,本书出版。对于这种令人备受困扰的内衣,世界各地的女性终于能够获得指点!

还记得你在什么时候学习过关于胸罩的知识吗?继续阅读第二章吧,这里会让你把关于胸罩的基础知识全部再重新学习一遍!

第 ② 章

胸罩基础知识

如果你已经完全可以读懂本书，可能此刻的你就会知道，字母表中的字母也和胸罩罩杯的型号对应。罩杯的型号从 AA 到 JJ，实际上，任何连贯的事物都可以是从 AA 到 JJ，尽管从理论上来讲，型号都有一定之规，但不同供应商之间还是会有差异。

但是除了讨论罩杯型号体系，关于胸罩的知识实在太多。一件胸罩所有的工程设计量足以让美国航空和宇宙航行局瞠目！实际上，在一次 NBC 的"今日"节目所做的访问中，媚登峰的总裁

马内特·斯臣宁格（Manette Scheininger）将胸罩与造桥相提并论，他这样说道："胸罩和桥梁一样起支撑作用，还必须要灵活。胸罩要支撑乳房的重量，却又要足够灵活以应对身体活动，因为你会要求舒适。桥梁同样需要为所行车辆提供支撑，但同样应该灵活应对风力条件及车辆运行。"

很庆幸，你并不需要修一个关于胸罩工作基本原理方面的学位。了解你的胸罩，简单得如同学会 ABC。

15

解剖学，生物力学与物理学：胸罩的原理

尽管胸罩为我们做了很多，比如说胸部塑形、在衣物外营造柔和的身材曲线，同时激发出我们的自信，但这种内衣最重要的功能在于提供支撑。

那么胸罩到底是如何提供支撑呢？ Zyrry 公司（这是一家主办家庭胸罩试穿会并主营日用胸罩用品的公司）合伙人克瑞斯逖·安德森（Cristi Anderson）说，

这的确得归结到基础物理学。你想吧，"双乳就像是我们需要提拉的重物。重力作用会使之下垂，但我们需要些什么来作反作用力。"当然，乳房组织会自然地被胸部肌肉、皮肤和韧带支撑住，只是这些并不足够对抗重力的作用。胸罩则可以发挥我们身体无法实现的作用。

一些研究人员指出，胸罩只是在近期才成为一种"科学"。2007 年英国朴茨茅斯大学曾开展一项对胸罩设计及其对身体作用的研究。在"生活科学"网站上有一篇文章，作者乔安娜·斯卡尔（Joanna Scurr）源引前述胸罩设计的理论称："不进行研究，就如同设计汽车或是厨房装备时，无须设想目的何在？"

疏于研究的原因大概部分归因于，人体乳房的解剖学可以说就是一个谜团。一个成年女性的乳房重量从 10 盎司到 20 磅不等，其结构并无规律可循。大部分组织为乳腺叶以及用以制造奶水的网络状乳腺管，其余为脂肪、组织和皮肤。乳房到底为什么会下垂，始终是个谜。许多解剖学家认为，是医学上被称为"库柏氏悬韧带"的胸部连接组织为胸部提供主要的支撑，另外一些人则认为皮肤在保持乳房在正确位置上发挥重要作用。遗憾的是，此处并无确切答案。

科学家们也试图弄清楚我们的乳房到底如何发生变化，以及胸罩是如何给予反作用力的。2007 年，一组生物学家在澳大利亚展开乳房变化研究，研究中以特殊设计的胸罩对 70 种不同物体进行了试验。2005 年，《探索》杂志上的一篇文章提到，科学家将传感器置于胸罩肩带下，以测量肩部承受的重量。科学家还将电极置于试验体的躯干和颈部，以监测肌肉活动；将 LED 灯（发光二极管）置于试验体胸骨和乳头处，以及胸罩肩带处，以测量胸部和躯干部的运动。当女性在走路、慢跑、快跑时，科学家可以

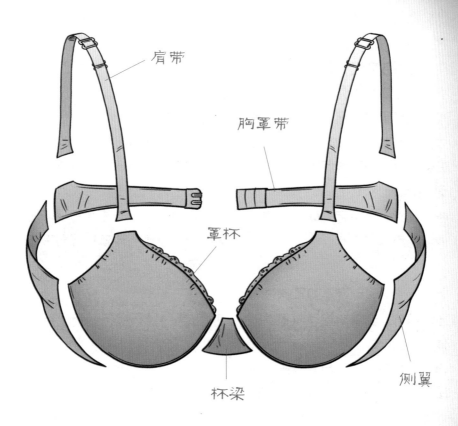

肩带

胸罩带

罩杯

杯梁

侧翼

胸罩部件图

跟踪其乳房的运动方式（图像呈8 字形），观察乳房的运动幅度，以及穿戴胸罩后对该运动的影响。很明显，大些的乳房运动幅度要大于小些的乳房，但测试发现，即使是 A 罩杯大小的乳房，运动中也会有 40 毫米的摆幅——接近两英寸，基本上是一个大曲别针的长度了。2007 年英国的一项调查发现，运动中，乳房会在三个方向上发生摆动：上下、左右、前后。虽然无人确知这类运动对乳房的长期影响，但却被认为会导致乳房疼痛，也是最有可能导致乳房下垂的原因。

　　所有这些研究均确认，乳房越大，越易发生摆动。运动量越大，乳房的摆动幅度也越大。一件设计合理的胸罩能够阻止这种摆动。如何阻止？让我们看看胸罩的各个部件，以及它们联手为你提供最佳支撑的方式。

只是肩带： 肩带是胸罩跨过肩部的部分。胸罩肩带可以提供支撑，但主要作用却不是托起乳房，而是负责"固定"乳房。胸罩上可以调节的地方不多，肩带上就有可调节长度的带扣。

　　在 2005 年的乳房运动研究中，科学家们发现，在身体运动中，肩带承载了因动势而产生的冲击。然而尽管肩带对于支撑有着显而易见的重要作用，它们还是无法承担乳房全部的重量。根据 Zyrry 公司合伙人安德森的说

法，在一件设计合理的胸罩中，肩带只是起到辅助支撑的作用。如果肩带深陷进你肩膀处的肌肤并引起不适，那就说明肩带已经超负荷了。

　　为了让肩带起到最大的支撑作用，要将肩带调节至不致引发疼痛或不适的位置并最大限度地固定住。窍门是：先将肩扣尽可能弄紧，再从此处逐渐拉开肩带进行调节。

与胸罩背带同在： 胸罩背带是乳房下面绕过胸腔的部分。这

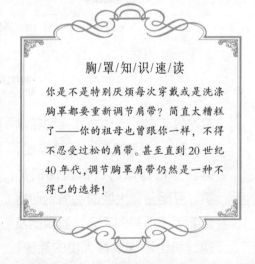

胸/罩/知/识/速/读

你是不是特别厌烦每次穿戴或是洗涤胸罩都要重新调节肩带？简直太糟糕了——你的祖母也曾跟你一样，不得不忍受过松的肩带。甚至直到 20 世纪 40 年代，调节胸罩肩带仍然是一种不得已的选择！

部分是起到支撑作用的最重要元素，因为它承载了罩杯部分的乳房组织并让其安于其位。

你可以将胸罩看作一个跷跷板——后背处的肩带越往上蹿，胸部的罩杯就越会往下坠。鉴于此，胸罩带应该紧贴身体（当然不可过紧，程度保持在可以在胸罩与身体间插入一两个手指的样子），并让其位于合适的高度。如果过松，则胸罩会在背部上蹿，令乳房下垂。

她也有翅膀：胸罩的侧翼，指从罩杯侧面延展出来绕向后背直至搭扣的部分。侧翼通过与前面乳房的重量抗衡，给罩杯提供了非常大的支撑力量。

迷人的罩杯：胸罩中的罩杯将乳房组织盛放在适当的位置，扮演了胸部支撑作用的主力。罩杯还可托起乳房，将其前拢，挤出乳沟。

合适的罩杯应该能够提供足够的支撑，防止肩带深陷肩部。带有钢托的罩杯是最有力量的——它将乳房的重量更均匀地分配在肩带和胸罩带之间。

桥接缝隙：杯梁是位于两个罩杯之间的那一小片织物。对于整件胸罩来说，这部分太微不足道了，但实际上却是发挥支撑作用的重要部件，因为它连缀了两个罩杯，让乳房不致滑向两边去。杯梁起到很好的拉拽作用。"如果没有杯梁作平衡，两个乳房会因为受到胸罩带的拉拽被压扁。"

你的胸罩无异于一个谜——各个部件缺一不可才算完整，也才能给出恰到好处的支撑！缺少了哪一个部分，胸罩都不会起作用——目前会让你有不舒适感，以后则会让你发生乳房下垂。

19

从 A 到 Z，

了解胸罩

除了知道胸罩的各个部件，你还有更多需要了解的。如今，胸罩有各种各样的款式，有各种各样的材质。你已经知道胸罩的作用，现在你需要了解的是不同胸罩种类的术语，以及其他的相关名词。

后面几页将老派地以"胸罩字母表"的形式，为你提供全部信息。

B

(▼)阳台胸罩
(Balconette or Balconet Bra)：

这种胸罩只有矮矮的一圈围在胸部。罩杯也因此常常会在乳房上勒出一道印。

A

(▲)自黏性无背无带胸罩
(Adhesive or Backless Strapless Bra)：

这种胸罩无后背无肩带，靠医用胶黏剂贴附在胸上。

(▲)胸挡
(Bandeau Bra):

围在胸部的织物带子。通常有弹性,无吊带,有时内衬罩杯。

胸罩 (Bra):

在字典里查"胸罩"这个词的时候,词条会提及"奶罩"的定义,根据《韦式词典》所说,这是个名词,指"女性用以遮盖并支撑乳房的内衣"。

前平型罩杯 (Bralette):

一种无钢托或塑性罩杯的舒适型胸罩,类似贴身小背心,但却短小些,只在肚脐以上,一般为弹性面料。

(▼)胸贴 (Breast Petal):

一种贴在乳房上以防止乳头在紧身衣物下激凸的自黏性用品。

For a smooth look with or without your

21

(◄)紧身胸衣 (Bustier):

带有胸罩长短至腹部的内衣,通常配有塑料或金属材质的龙骨,以达到拢胸和塑身效果。适合配婚纱穿用,类似以前的胸衣。

C

乳沟 (Cleavage)：

乳房被聚拢集中后的效果——双乳间会产生一条深邃的线。

(▼) 挤压型胸罩 (Compression Bra)：

一种运动型胸罩，用以挤压胸部组织，人为使乳房在运动或其他活动中受限。

塑形胸罩 (Contour Bra)：

经过塑形或在罩杯中填入织物，使胸罩即使在不穿用时仍可保持形状。根据内衣网站上的说法，这种胸罩具有很棒的修饰效果，轮廓柔和，即使在紧身衣物下也不致暴露激凸的乳头。

多种穿法胸罩 (Convertible Bra)：

因配有可拆卸吊带而具有多种穿法。例如，你可以像常规胸罩那样使用两个吊带穿用，也可拆掉一条吊带，用一条吊带绕过脖颈处，在胸前与胸罩交代上，形成"套马锁扣"样式的胸罩。多种穿法的胸罩可与各种衣物搭配做到"百变"，并几乎可在任何一种领线下隐形。

(▼) 紧身胸衣式胸罩 (Corset–style Bra)：

与紧身胸衣有着同样的视觉效果，穿上后塑身效果明显，但没有令人痛苦的"腰撑"。与紧身胸衣一样具有拢胸效果。

棉(Cotton)：

一种可用以制作胸罩的天然纤维，尤其会用作那些强调舒适感的胸罩的材质。纯棉织物柔软、舒适、精细，透气感强。它们吸附力强，穿着舒服，并易于打理。许多网站上都提道："不同质量的纯棉织物，取决于纤维在纺造时的支数。支数越多，纯棉织物的质量越好。"用越好的棉制造出的胸罩自然也就越舒适。

(▼)"肉饼"(Cutlet)：

一种可以藏在胸罩里的凝胶衬垫，因位于乳房之下，故可营造乳房丰满、增大的视觉效应。之所以称其为"肉饼"，是因为其不够细腻，跟真的鸡排差不多。

曲奇(Cookie)：

不，可不能吃。这是那种经常可在具有拢胸效果的胸罩中找到的椭圆形活动胸衬。和上面提到的"肉饼"作用雷同，只是视觉和手感大相径庭。

23

(▼)半杯胸罩
(Demi or Demi-Cup Bra)：

四分之三杯以下的胸罩，具有超棒的拢胸和集中效果。

双面胶(Double-Sided Tape)：

双面胶的两面都有黏着剂，可使两个物体黏着在一起，将其贴在衣物与胸罩之间，可以固定胸罩的位置。

E

(▼)胶囊胸罩 (Encapsulation Bra):

这种运动型胸罩为每只乳房提供了独立的罩杯，而不像挤压型胸罩那样对乳房实行"无情打压"。

(▼)全罩杯胸罩 (Full-Coverage Bra):

将全部乳房包裹其中的款式，对乳房丰满的人来说，这是具有最佳支撑提升和集中效果的款式。

F

前封闭胸罩 (Front-Close Bra):

与传统的后背挂钩不同，这种款型在胸前设有塑料拉缝或拉锁。

G

逐步填充 (Graduated Padding):

这是一种乳房塑形技巧，在罩杯下部填入更多衬垫，然后逐渐向上减少所用衬垫，以营造出更为自然的拢胸效果。使用这样的技巧，罩杯会被填充得很均匀。

H

隐形钢托胸罩 (Hidden Underwire Bra)：

这类胸罩因为没有由钢托分成独立罩杯的接缝，使人在视觉上感觉不到钢托的存在，穿着也更加舒适。

I

软弓 (Inner Sling)：

织进胸罩的一种软弓，跟钢托一样，起辅助支撑的作用。

K

薄衬 (Kleenex)：

一种适合发育中的女孩们填充在胸罩中的薄衬。鉴于如今"肉饼"、"曲奇"和拢胸胸罩大行其道，用衬垫填充的做法早已过时，这种薄衬也已甚少使用了。

L

蕾丝 (Lace)：

机织或手工纺制的装饰用花边。常用在胸罩或其他内衣上以营造性感外观。

莱卡 (Lycra)：

这种弹性可拉伸面料已经被杜邦公司正式注册了"Invisa"商标，成为全世界最受认可和欢迎的品牌，许多设计师和成衣制造商都在使用这种材质。莱卡可以与棉、丝、合成纤维等混合使用，在制作胸罩和泳衣上尤为多见。它使衣物更加轻便、舒适、透气，还可速干、抗菌、防紫外线辐射等。

M

(▼)乳房切除术后专用胸罩 (Mastectomy Bra)：

这种胸罩专为实施过单侧或双侧乳房切除术的女性设计。胸

25

罩在相应被切除的部位有特殊的口袋设计，内置义乳或做出修补。

孕期胸罩(Maternity Bra)：

这是一种专为怀孕的女性设计的胸罩，有更宽的吊带以增强支撑、减少弹力。由于怀孕的女性乳房会膨胀且敏感，这种胸罩会采用更为舒适的材质以减少面料对乳房组织的刺激性。

花瑶布(Microfiber)：

经常会被用作胸罩面料，尤其是用在 T 恤式胸罩上。网上资料称这种面料"由比上等丝线还要精细

的聚酯纤维和聚酰胺制成，因其柔韧性和亲肤感而令肌肤感觉极其舒适"。

(▼)收缩感胸罩(Minimizer)：

这款胸罩为那些想要在视觉上将胸部缩小些的"巨乳"女性而设计。网站上称这款胸罩"通过将乳房组织包裹得更紧，并将乳房肌肉重新分配至腋下或集中至胸前，而在视觉上降低穿着者乳房所占的比重"。

模造罩杯(Molded Cup)：

通过加热、加压给罩杯塑形。因加工后的无缝感，也称作"无缝罩杯"。模造罩杯在有轮廓感的胸

罩和 T 恤式胸罩中比较常见，并几乎可在衣下隐形。

N

哺乳胸罩 (Nursing Bra)：

专为哺乳期的妈妈们设计。就像孕期胸罩一样，这款胸罩提供额外的支撑力，并在罩杯处有特殊的开口设计，让妈妈们不必摘除胸罩即可方便哺乳。

O

(▼)奥普拉·温弗瑞 (Oprah Winfrey)：

脱口秀女皇。2005 年，她因让胸罩出现在自己的节目中而给观众留下深刻印象。

P

乳贴 (Pastie)：

一种只贴在乳头部位起遮挡作用的装饰物，需配合专用胶水或胶带使用。

(▼)低胸胸罩 (Plunge Bra)：

一种双乳间低洼剪裁的胸罩，在搭配低胸外衣穿用时将乳

沟裸露在外。时尚造型公司推出了较普通版本开敞得更低的 U 形剪裁设计款式，胸口凹进处要比乳峰位置低出好几英寸。

拢胸胸罩（Push-Up Bra）：

罩杯中加入填充物以达到拢胸效果，为乳房营造出丰满外观。

Q（Quest）是对完美胸罩的寻求！通过阅读本书，你已经与这一目标更加接近！

28

R

（▼）宽后背胸罩
（Racerback Bra）：

这种胸罩的肩带在后背处形成一个 Y 字形，这使之在无袖外衣下不致外露，这种款式的吊带也

胸/罩/知/识/速/读

英语中至少有 374 条以"胸罩(bra)"开始的词条，包括拥抱(brace)、吹牛(brag)、头脑风暴 (brainstorm)、勇敢(brave)，当然还有"奶罩(brassiere)"！

不像普通款胸罩的肩带那么宽。

尼龙（Rayon）：

一种丝状的人造纤维，因其价廉却用途广泛而被大量用于胸罩及多种服装制造业。

缎（Satin）：

也是一种经常被用作胸罩材质的质地柔软的丝状纤维，正面光滑，反面稍粗糙。

硅酮（Silicone）：

一种用于制作那种置于罩杯

中以增大乳房的凝胶衬垫的合成剂，也可作为防止下滑的皮肤黏着剂，用于胸挡和无吊带胸罩。硅酮为有机物和无机物的合成物，经特殊的化学工艺加工而成。

(▼)无吊带胸罩 (Strapless Bra)：

一种配合特殊场合下着装需要或满足隐形吊带衣物需求的无吊带带钢托胸罩。这种胸

罩看似简单（因为少了吊带嘛），但是寻觅一只合身的却相当难——因为要确保穿用时不致滑落下来。

(▶)黏着性支撑罩杯 (Support Adhesives)：

一种质地很轻的泡沫罩杯，通过胶黏剂贴附在肌肤

上，既可提供胸罩功能，又令穿用者不受真正胸罩"所累"。

T恤式胸罩(T-Shirt Bra)：

一种有模造罩杯的胸罩，线条柔和并采用无缝设计，因此可在T恤或其他紧身服装之下隐形。

29

钢托(Underwire)：

被织进罩杯底部的一棵金属条，以起到对乳房托抬、塑形之用，是一种对乳房起支撑

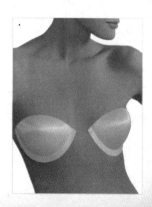

作用的附加手段。

肩膀处滑落。

X

胶粘纤维 (Viscose)：

　　一种与棉与丝相当接近的人造纤维，质地柔软。通常将经特殊加工的毛浆中的纤维素提纯之后制成。

(▶)后带交叉型胸罩 (X-Back Bra)：

　　这种胸罩的肩带在后背处交叉，形成一个"X"，很像那种宽后背或是 Y 字形后背的胸罩。这样，胸罩的吊带不会在窄肩背的衣物下显露出来，肩带也不会在

Z

前拉链式胸罩 (Zip-front Bra)：

　　前面带有拉锁的胸罩，通常是运动胸罩的样式。

现在，你已经掌握了基础知识，可以准备开始学习关于胸罩更为重要的内容了：合身！阅读关于胸罩合身性"可以"与"不可以"的内容，学会判断自己是否穿戴了正确型号的胸罩。

第 3 章
像手套一样贴合
完美款型大搜索

众所周知,不是所有的乳房都生得一模一样的。这也是为什么胸罩会有不同的罩杯大小和胸围尺寸,以供女性选择与自己完美贴合的那一款。但是,哪些因素构成这种"完美"?这种完美真的存在吗?大多数专家会告诉你,论及胸罩,很难获得"完美",除非斥巨资去量身定做。但至少可以遵循一些简单的方式,帮你找到一款比较适合你的胸罩。

关键是,你目前正穿着的这一件就是不适合你的。统计数字显示(奥普拉亦如是说),我们中有85%的人完全穿错了胸罩!这怎么可能?!"我穿34C都好多年了!"你会这样说。这种常见的否认,是以你的舒适和挺拔为代价

的。直到我与 Eveden 内衣公司全国闻名的胸罩款型专家弗雷德里克·匝皮(Frederika Zappe)见面之时,我都一直信心爆棚,觉得她给我讲不出什么新鲜的。但是天啊!我错了!错误的罩杯大小、错误的胸围尺寸——你猜怎么着?错误的胸罩!当她为我穿上正确的型号,我看上去立马变得苗条又挺拔,就连我的举手投足都不一样了。转天,就连我的一个工作伙伴都问我是否瘦身了!

本章中提供的信息和窍门会帮助你了解,胸罩怎样才算合体,以及为什么穿戴正确的胸罩如此重要。而后,即使你达不到"完美",也至少会变得高了那么一点儿。

我们为什么会搞错？

· ·

34

寻觅一件正确的胸罩无异于寻找一个正确的伴侣。我认识的很多女性朋友，都觅错了如意郎君。在多年糟糕的关系里，她们在外面找别的男人，那些人说话不算数，无视她们的感情，并最终让她们伤透了心。虽然胸罩不会让我们伤心，但却会令我们沮丧，会在我们最需要它的时候令我们失望。虽然它们不会忘记我们的纪念日，但它们肯定会坚持到我们更换下一只的时候（建议我们每 6 个月至 1 年更换一次胸罩）。

我无法解释为什么女人总是

觅错了郎君（这个问题还是留给劳拉博士吧），但我却可就我们总是选错胸罩的问题分析出两点主要原因。

第一个原因关乎尺寸。计算出自己的正确尺寸挺难，大多数人并不知道尺寸合适的胸罩到底是什么样子的。

第二个原因关乎质量。胸罩可能会昂贵，但却不应该是令我们吝惜投资的物品。不要让你的钱夹影响到你的判断。大多数女性并未认识到投资在正确的胸罩上，会令她们的日常生活完全不同。"你会觉得物有所值。"设计师塔拉·卡沃西（Tara Cavosie）如是说。"多花一点钱，买一件做工更好、更合身的胸罩，整整一年都会穿着也好、看着也好，也会更耐用一些。不是说非要花上百美元，只消多投资一点点而已。"

这第二点取决于你自己，但是我可以在第一点上给你些指点！

"美国人，你们都穿错了胸罩！"

——奥普拉·温弗瑞（Oprah Winfrey）

怎么知道穿错了胸罩

我们中有 85% 的人正穿着错误的胸罩,关键是,大多数人对此并不知情。经验法则吗?如果你的胸罩有任何地方让你觉得不适,那就说明它不合身。

下面是一些最基本的提示信号,告诉你,你的胸罩有问题(每一个问题后面附有解决办法)。

从后面看

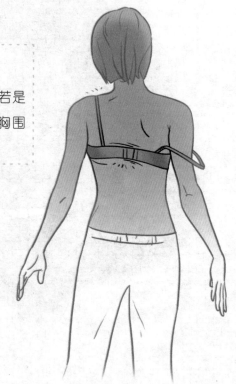

问题:肩带下滑或陷入肌肤。

解决办法:只需调整肩带。若是陷入肌肤,也许你需要更宽松的胸围尺寸或是更大的罩杯型号。

问题:后背处带子上蹿或下滑,而不是保持在你胸围的特定"水平"上,或是挤压肌肉引发痛感,或在皮肤上留下痕迹。

解决办法:你似乎需要其他胸围尺寸的胸罩。如果是带子下滑,你需要调整为小尺寸的;如果是上蹿或紧绷,你则需要调换大尺码的。

36

从前面看

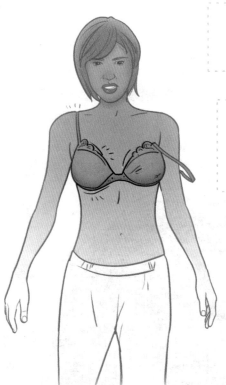

问题：罩杯臃肿、留有空隙、起皱。

解决办法：更换小码罩杯。

问题：钢托未锁定在肋骨的位置，却绷紧在乳房下部。

解决办法：更换大码罩杯。

问题：乳头顶露在罩杯外，或是乳房肌肉从罩杯上面挤出，制造出副乳的效果。

解决办法：调换大码罩杯或全杯型罩杯。

问题：杯梁没有平贴在身体上。

解决办法：更换大胸围尺寸或是大码罩杯。

37

怎样选择正确的胸罩

选择正确胸罩的第一步是得到"正确判断"。去那些配有胸罩导购员的内衣店，请这些人施展他们的招数（把你的矜持扔到一边去吧）。一些人会误穿很长时间，但一些人根本就从来没有穿对过。要记住，由于我们身体的变化（本章第五六章会详细谈论这个话题），每隔6个月到1年，你都需要重新量体！

许多购物中心都有"维多利亚的秘密"专卖店，店里都有经过特殊培训的店员，帮你在独立的"试装间"中试穿，诸如内曼·马库斯（Neiman Marcus）和布卢明代尔（Bloom-ingdale）这样的高端百货商店，通常都会有内衣部（JCP新近也扩装了其内衣部），里面的店员都有工具可随时为你测量尺寸（布卢明代尔的内衣部店员甚至都是有执照的），这些都是免费的！另一个选择是去你附近

> "直到我拍电影了，我才知道自己的胸罩尺码。"
>
> ——安吉莉娜·朱莉（Angelina Jolie）

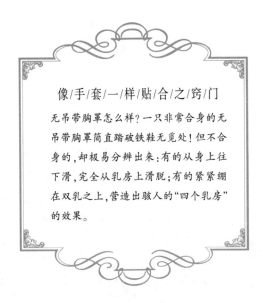

像/手/套/一/样/贴/合/之/窍/门

无吊带胸罩怎么样？一只非常合身的无吊带胸罩简直踏破铁鞋无觅处！但不合身的，却极易分辨出来：有的从身上往下滑，完全从乳房上滑脱；有的紧紧绷在双乳之上，营造出骇人的"四个乳房"的效果。

的裁缝匠那里量身。对于初入此门者，你可以自测一个大致的尺寸。

最重要的是，在你步入内衣店之前，要做到"有备而来"。这样，店员就只是起到辅助的作用，而非一切都依靠他们了（有的时候，你知道的比他们还多）。最终，你会为自己选到最为合适的胸罩！

胸罩的型号如何划分

胸罩尺寸包含两方面重要内容：

一个是代表了你乳房下方肋骨处胸围尺寸的偶数，表示的是你的胸罩带长度。

一个是表示你罩杯大小的字母。听上去简单，其实不然。对于这些字母的含义，存在很多误解。

对于刚入门道的人来说，胸罩带的长短并不与从肋骨处测量到的胸围尺寸完全一致。胸罩带的长度只是根据这个尺寸估计出来的，并不是一个精确的数字。你经常需要加上一两个英寸——甚至加上 4 到 5 个英寸，才可获得自己准确的胸罩带尺寸，这取决于不同制造商的规格和不同风格的胸罩。这种款式中的 34 寸你穿着正好，也许另一个款式中的这个号却太紧。（我会在下面"你的胸罩尺寸"一节中详细解释这一点。）

算出自己的罩杯尺寸也并非易事。这与你的胸罩带尺寸有关。A 罩杯这个型号，即为 A 罩杯的内容量，它会随胸罩带长短的变化而改变。32 寸的 A 罩杯与 34 寸的 A 罩杯是不同的,如此这般。

假定你在你最中意的内衣店里相中了一件胸罩,并且非它不可。你是34C,可这款胸罩却没有你的号。怎么办?遵循胸罩尺码的分类办法,你可采取让胸罩带尺寸长一个码,让罩杯型号小一个号的计算方法,仍然可以得到同样合身的胸罩,即用36B代替你的34C。不要以为B比C小,实际情况并非如此。只有在同样的胸罩带尺寸下,B才比C小。为什么呢?更为宽松的胸罩带尺寸降低了罩杯的宽度和深度,这意味着比36C小的34C,实际上却可承载同36B一样多的内容。这个小把戏对大尺码胸罩尤其适用。例如,近来我穿34G,这是个很难买到的号,当我看到非常喜欢的胸罩式样而店家又没有G杯号的时候,我就试一下36F的,刚刚好!

理解这点的最好办法是进到商店里去,比较一下不同胸罩带尺寸下的罩杯,如果你比较38A

像/手/套/一/样/贴/合/之/窍/门

听说过特百惠派对和玫琳凯"美丽到家"的聚会,却没听说过"试穿节"吗?但是的确有公司在从事此项业务。"振奋大变身"(Uplifting Makeover)就是一家这样的公司。他们为你和你的女友们在自己家里举办试穿会,你可以从不同品牌的精品中进行选购。

和34A,38A的罩杯明显要大一些,但是如果你比较38A和34D,这两种罩杯的大小就相当接近。这并不是说这两种尺寸可以通用,你仍然需要穿戴正确型号的胸罩以获得合适的支撑。

谢天谢地,无需再测量肩部吊带了。每只胸罩的肩带都是可以调节的,至少还有这一项是简单的啊!

购买域外胸罩

不同生产厂家的胸罩尺寸各异，各国生产的胸罩尺码亦不相同。互联网让跨国购物变得便捷，更多的美国店铺也在进口其他国际品牌。你会发现自己也想要买上一件欧产或澳产的胸罩。查看下表，可完成国际尺码的换算。

胸罩带长度						罩杯型号					
美	英	欧	法	意	澳	美	英	欧	法	意	澳
28	28					AA	AA	AA	AA		
30	30					A	A	A	A	A	A
32	32	70	85	1	10	B	B	B	B	B	B
34	34	75	90	2	12	C	C	C	C	C	C
36	36	80	95	3	14	D	D	D	D	D	D
38	38	85	100	4	16	DD/E	DD	E	E	DD	DD
40	40	90	105	5	18	DDD/F	E	F	F	E	E
42	42					G	FF			F	F
44	44					H	FF				FF
46	46					I	G				G
48	48					J	GG				GG
50	50					K	H				HH
52	52					L	HH				
54	54					M	J				J
56	56					N	JJ				JJ
							K				

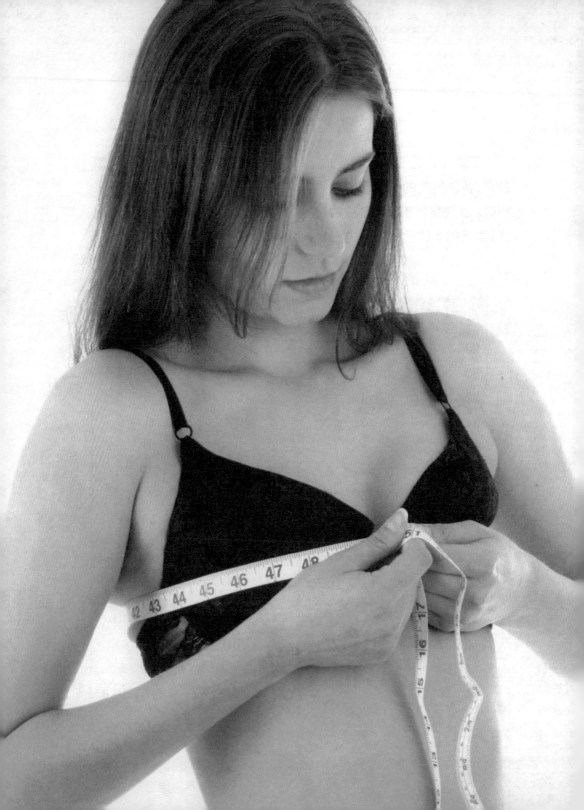

你的胸罩号码

要想知道你穿多大的号码，你得找个卷尺来量一下（是缝纫工用的那种，可不是工具箱里的那种啊），以决定你的胸围尺寸和罩杯大小。花上几个钱，在许多小杂货店里也可以买到这么个卷尺。

第一步：胸围尺寸

首先，将卷尺围绕乳房下方胸腔一周量取尺寸（要记得先呼

像/手/套/一/样/贴/合/之/窍/门

"无吊带胸罩的秘密何在？穿无吊带胸罩，为了让它能待住了，你需要选择更小一个尺寸的。比如说你是34B的，你就选32B的。"

——艾莉西娅·瓦戈（Alicia Vargo），"纵情"（Pampered Passions）内衣公司创始人

一口气）。胸罩的下围尺寸是一个偶数，所以你就取最接近的那个。如果你的测量结果是一个奇数，比如说是31英寸，那么就近似取到32。

下面要讲的是非常精确的内容。最常见的办法是，建议你将测量结果加上4英寸后的结果作为自己的胸罩尺码，但这种方法未必会屡试不爽。这一旧法是在那些具有柔韧感的纤维面料未被发明出来之前通用的，那时候胸罩的材质很少有弹性，这个算法因此能够成立。但是如今的女性如果采用此法选择胸罩，结果经常会是胸罩下围过宽，难以合身。对于很多女性比较适宜的是，在测量结果上再加上2英寸。即如果你测得的是30，则你最好选择胸围是32的。

还有的方法实际上综合了上述两种情况，即：如果你测得的结果是32或32以下，就加上4英寸；如果你测得的结果是34或34以上，就加上2。当然也有

专家建议，你没有必要再加上任何数字，对于有的女性来说，的确如此。比如，我测得的是34，而这就是我的胸罩带尺寸。

那么你该怎么办呢？当前，你可以就选用你觉得最适合自己的那种方法，只不过把你测得的结果仅仅作为一个参考数字，并准备为取得最佳效果随时作出调整。把这个尺寸作为一个指导标准，并记得在购买之前一定要试穿。

胸罩下围与实际胸围尺寸的差异	美制胸罩罩杯型号	胸罩下围与实际胸围尺寸的差异	美制胸罩罩杯型号
小于1"	AA	7.5"	GG
1"	A	8"	G,H
2"	B	9"	H,I
3"	C	10"	H,I,J
4"	D	11"	HH
5"	DD/E	11.5"–13"	I
6"	DDD/F	13"–15.5"	J
7"	G	15.5"–17"	K,JJ

对于大于 D 码（特别是大于 DD 码）的女性而言，不同牌子胸罩在这个尺码上的规格大不相同，要依照具体的标识而定。此表仅作为一般情况的指导之用。

第二步：罩杯型号

接下来，将卷尺围在乳峰处一周测量。然后用这个数字减去你的胸罩下围尺寸，看这两者之间的差是多少，利用左边图表推算出自己的罩杯型号。例如，如果你测得的数字大于你的胸罩下围尺寸 1 英寸，你的罩杯型号则很可能是 A；如果二者之差大于 2 英寸，则你的罩杯型号则很可能是 B，以此类推。

像/手/套/一/样/贴/合/之/窍/门

如果你像其他很多人那样选择了网购，要先确认这家店有完善的退货条款，并在下单前熟知它。（我选择的一家网店要求退货时务必保商标完好，而我则习惯于货一到手就摘掉商标，因而导致无法退货。）

第三步：试穿与购买

最后，试一下你的新号码，去商店选取你已测得的这一型号的不同款式。如果你是 DD 号以上的大杯型，就不得不需要网购了，因为商店里很少有这样的大码。确认这家店有完善的退货条款，这样你在真正购买之前就可以充分试穿。

太多女性都犯这样的错误：选购胸罩如同在杂货铺买东西或是驾车去更换机油一样随便。她们进到商店里，从货架上摘下自己号码的胸罩，买下来，希望它可以像手套一样贴合，直到回到家里才发现并非所愿，因而失望得要命。想想看——你能连试都不试就买双鞋吗？而那可还只是给脚穿的啊！

对于胸罩，以及任何一种服装，所谓的"标准尺码"都"因衣而异"。如果你习惯穿某个特定的尺码，比如说 10 号，但经常性的，你在商店里试穿之后拿回家的裙装或是裤子是 12 号的。我们还不习惯以这种方式选购胸罩，但其实理应如此。

"你的胸罩可能有三个不同的尺码，""纵情"内衣公司创始人艾莉西娅·瓦戈这样说，"跟牛仔裤和你心爱的T恤衫一样，你的胸罩号码也因制造商及其号码系统的不同而可能有多种不同型号。我们总认为首先是号码，最重要的也是号码。实际应当是，首先是品牌的规格，最重要的也是品牌的规格。"厂家不同，胸罩的规格不同，其产品的下围尺寸和罩杯型号也会有所差异。如果你到"维多利亚的秘密"店中试穿这个牌子的东西，你可以一次选取几个不同的号码试一下。

很烦琐吗？对于任何一款、任何一件你想要购买的胸罩，在"出手"之前，一定要试穿。建议你寻找那种无论是款式还是型号都让你感觉最为舒适合身的。但还有很重要的一点是，即使你找到了自己喜欢的牌子，在同一个

像/手/套/一/样/贴/合/之/窍/门

如果你发现一款自己特别喜欢的胸罩，但其规格有点儿不太合适，你通常可以花上几个美元定制。有些店铺内就配有裁缝师，可以根据你的选择为你实际测量尺寸，或者你就直接到附近的裁缝铺去。(相信我，这没有什么可尴尬的。最合适的人选，是那些曾经有改制胸罩经验的裁缝。)

牌子里，不同款式的型号也会有所差别，所以对于你想要购买的任何一件胸罩，你仍然必须要试穿。就连去趟内衣店都要花上至少一个小时比啊比啊，试啊试啊！我知道，你很忙，但是，难道你的"小宝贝们"不重要吗？

塔拉·卡沃西认为，在购买之前试穿，是最为重要的一个环节："这是根本，选购胸罩时，就要真正地穿上试一试，看看所有地方到底合适不合适。这不是一项精确的科学，唯有反复试验。"

大小不一的乳房

如果你的一只乳房比另一只大一些（或是小一些），你该如何是好？对很多女性来说，这是一个很常见的问题。一般来看，女性都有一只乳房要比另一只大大约半个罩杯的样子。但并不是说问题常见就易于解决。外科整形手术固然是一个选择，但简便的解决方案是，找到偏大的那只乳房合适的罩杯型号，然后在偏小的乳房罩杯内填充进一些薄衬垫。在我做手术之前，我习惯去买那种带有可拆卸衬垫的胸罩，只需简单地将偏大乳房那一侧罩杯内的衬垫拆卸掉即可。还有，记得要将偏大乳房一侧的肩带拉紧一些，并确保尽可能牢固些。

第一步　　　　　　　　　　第二步

第三步　　　　　　　　　　第四步

怎样穿戴胸罩

. . . .

知道怎样正确地穿戴胸罩也很重要。即使你找到了正确的型号，胸罩也会由于你没有将乳房正确地放入罩杯内，以及肩带没有调节得恰到好处而不能完全贴身。那么，穿戴胸罩的正确方式是什么呢？Eveden 内衣公司的款型专家弗雷德里克·匝皮将其描述成四个简单的步骤：

第一步：俯身至几乎可以触到脚趾，这样，所有乳房的肌肉组织都会前倾。

第二步：依然保持这个姿势，将胸罩的肩带挎上，然后在感觉舒适的状态下，将后背的搭扣搭紧到最紧位置（在胸罩与身体之间要保持仍能够放进一两指的松紧度）。

第三步：把手放在每只乳房下面将其托起，使乳房向各自的罩杯中央聚拢（这就是所谓的"托挤"）。这样可以保证将乳房安放在罩杯中。

第四步：站直身体，如有必要，再调整肩带。

记住，有可能每次穿戴上胸罩之后都需要调整肩带，因为穿着和洗涤会影响到肩带扣所在的位置。

49

怎样才算合身

这里是穿戴合身的胸罩看上去的样子：

从前面看：

钢托平贴在胸腔，保持在两侧胸骨的位置（而非乳房肌肉上面）。

乳房很妥帖地收放在罩杯内，没有凸出或缝隙。

杯梁平贴在两只乳房之间的肌肤上。

从后面看：

后背处的胸罩带平直地拉伸，没有缩上去或是挤压肌肉。

肩带妥帖地平附在肌肤上，无陷入迹象。

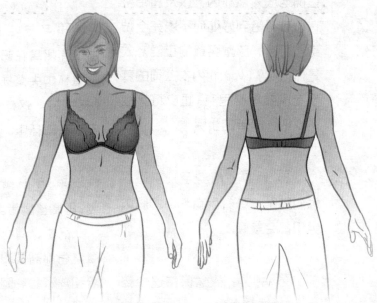

己找到了合适的胸罩规格给出了另外几点窍门：

像/手/套/一/样/贴/合/之/窍/门

网购合身的胸罩会比较困难，尤其是考虑到试穿的重要性。但是 Zafu (www.zafu.com) 致力于让这一过程简单化。登陆它们的网站，点击"胸罩"图标。回答一系列简短却非常具体的问题，诸如乳房形状、胸罩规格、中意款式和型号之后，网站会为你推荐出最适合你的几款胸罩，你可以马上就在这里下单订购。这有点儿像是个帮助胸罩交友的网站！

舒适是重点： 确认你无论是坐下，还是抬起胳膊、越过头顶、向侧摆臂等都感觉舒适。

外观示重要： 永远在穿着 T 恤时试穿胸罩。这是观察这件胸罩对你来说是否合适的最好办法。胸罩上面的每一处蕾丝、龙骨、钢托、接缝在这个时候看上去都不一样了，在最轻薄的 T 恤之下，每一处都显露无遗。（这也是检查后背、身侧是否有赘肉或其他弊病的一个好方法。）

你还可通过看胸部所处位置与身体上半身其他各部位的关系来检验胸罩是否合身。如果乳房得到了很好的支撑，则乳峰处应该位于肩膀与手肘间距离的中间位置上。

艾丽西娅·瓦戈还就确信自

51

像/手/套/一/样/贴/合/之/窍/门

很多胸罩导购员都建议，合适的胸罩应该是在使用位于中间那排搭扣时感觉最舒适的，这样，你一旦增肥可以使用最外面的搭扣，一旦瘦身或是胸罩带弹力松弛，就可以使用最里面的搭扣。

合适的规格：你应该感觉乳房很妥帖地被安放在了罩杯里，感觉不到受了钢托的挤压，你的胸罩感觉上应该是舒适的、有支撑力度的。

现在你已经掌握了日常穿用的胸罩规格，下面我们来一起研究一种特殊的胸罩：运动胸罩。

运动胸罩

. . . .

运动胸罩已经存在了大约三十年之久，但对于大多数女性来说却始终是个谜。尺寸合身与有效支撑，对运动胸罩与我们日常穿着的款式同样重要——甚至是更加重要！研究者表示，没有得到支撑保护的乳房会在我们活动时发生约六厘米的摆幅。这对姑娘们来说可不是什么好事。

不管你是热衷慢跑的人、舞者、跆拳道手，还是狂热的瑜伽爱好者，你都需要一件非常合身的运动胸罩，以保证在你运动的时候乳房被牢牢地"固定在原位"——即使你是一位乳房并不

大的女性！女演员凯蒂·霍姆斯（Katie Holmes）曾经在纽约城马拉松长跑中不穿胸罩现身，就显得非常荒谬。使用合身的运动胸罩来对乳房组织进行保护，永远都会是个好主意，即使你觉得自己并不需要。

运动型胸罩的设计一般都是基于两个最基本的款型：压缩和封装。听上去很玄哈？但是，的确如此。其原型发展自本书第二章中所述的研究结果，两者通过不同方式使乳房的运动最小化。当你穿着最常见的运动胸罩款式——压缩型的时候，你的乳房

压缩式　　　　　　　封装式

会被挤压得平贴到胸腔上，以减小动感。这种款式最适合乳房较小的妇女（D罩杯以下），因为压缩式运动胸罩对乳房较大的女性限制性太大，压缩效果也很难理想。压缩式胸罩分小、中、大号。通常，小号对应的罩杯型号是32B或32C；中号对应的罩杯型号是34B或34C；大号对应的罩杯型号是36B或36C。如果你是A罩杯，就试试小号。如果你是D罩杯或更大的尺码，就试试大号或超大号。有时候，超大号

还是不够大，那你就要看看适合你这类大罩杯型号的其他运动款型了，比如说封装式运动胸罩。

封装式运动胸罩在胸罩带尺寸和罩杯型号上同普通胸罩都是一样的。2006年，托马斯·阿法塔托（Thomas Affatato）在某网站发表的一篇文章中说："封装式款式与普通胸罩一样有两个罩杯，其成立的理论是，两个小块物体要比一整个大块物体易于控制。"专家称，对于罩杯型号在D罩杯以上的女性，封装式运动胸

罩会是更佳选择，就因为这种款式与压缩式运动款型相比，可以分别"压缩"每只乳房，以提供更大的支撑。

在商店里，你能轻易地分辨出这两种款式：压缩型胸罩是连体设计，是要从头上套下穿起来的；而封装式胸罩有真实的罩杯，通常还会有钢托。记住，不论你选择哪种，运动胸罩在感觉上都会比你日常穿着的胸罩更为舒适，只是不要过紧，以免刺激皮肤。

运动型胸罩曾经以制造"一个乳房"而臭名昭著（尤其是压缩型款式），如今市面上所售的很多款型已经有所改善。此外，许多运动胸罩款式都很别致，甚至可以单独穿用。面对它们时，你依然要保持冷静。我比较倾向于耐克品牌中那种前拉锁式的款型，这种款式在拉上拉链之后还可以调整乳房位置，制造出很棒的乳沟，绝无"一个乳房"的效果。但是不论你选择了哪个款式，还是要货比三家，选择最适合你的那一款。

下面有一些技巧，帮你找到最棒款式的运动胸罩：

保证下胸围处带有松紧性的胸罩带紧贴胸腔，但又不致过紧而影响呼吸。

在试衣间里上上下下跳上几次。也许这让你看上去有点儿"不着调"，但是你却可以确切地知道，这款胸罩在运动中到底可以给你提供多大的支撑力！很明

像/手/套/一/样/贴/合/之/窍/门

运动型胸罩一般都在标签上标示得非常详细。除了尺码与材质，有时候还会标上这款胸罩专门适合于哪项运动。

55

显，晃动越小，效果越好。运动胸罩，比任何普通款胸罩，都更致力于限制晃动的幅度。

选择肩带更宽的款式以增强支撑力。

注意，那种内置的"减震器"是专门用来减小晃动的。

你所选择的运动胸罩的材质也对舒适度和穿着效果有所影响。大多运动胸罩都有吸汗排湿的功能，但是你可以选择一款更具抗摩擦效果和通体全无不舒适感的款型。购买前要查看商标，以明确这款运动胸罩的材质。

据网站 www.olympiasports. net 称，有很多种不同材质可供选择。下面是最常见的种类，我们来

像/手/套/一/样/贴/合/之/窍/门

由倍儿乐（Playtex）发起的一项哈里斯调查，询问一千多名妇女关于其穿戴胸罩的感受。67%的人回答说，比起"空心上阵"，她们更愿意穿戴胸罩。85%的人回答说，她们想要那种修身感更强的胸罩，最好穿上后感觉什么都没穿才好。而说到钢托的问题，女性们的意见则比较分散。有49%的人喜欢有钢托，而另49%的人更喜欢没有。

逐个击穿：

聚酯纤维/棉：这种经典材质提供特别的柔软度，拥有强力吸汗排湿功能。

棉/莱卡：这种面料融合了柔软性、棉的吸水力和莱卡的挺括感，是一种非常舒适的材质，也将弹性和支撑度营造得恰到好处。

不同影响

· ·

　　不同活动对我们的身体（以及乳房）会产生不同影响，所以很多运动型胸罩在设计之初就将这个因素考虑进去。这里有个大致的划分，让你可以根据不同的运动类型选择不同款式的运动型胸罩。

57

低度影响	中度影响	高度影响
行走	滑雪	有氧运动
瑜伽	滑冰	跑步
自行车运动	网球	山地车运动
举重	高尔夫	垒球
低强度有氧运动		足球
		篮球
		骑马
		跆拳道 / 拳击

吸湿排汗聚酯纤维／莱卡：这种高性能混合纤维得益于其吸湿排汗功能，可将肌肤渗透的汗液传输扩散，舒适、有弹性，还有莱卡的塑身效果。

聚酯纤维／棉／莱卡：这三种混合纤维，既有聚酯纤维和棉的柔软性和吸湿排汗功能，同时莱卡又提供了最佳贴身与挺括效果。

尼龙／莱卡：这种混合纤维给你带来舒适、奢华之感，且相当塑身、挺括，不易起皱。

由于穿着磨损，运动型胸罩也要根据穿用次数至少每年更换一次。怎么才知道到时候要换新的了呢？有迹象表明弹性面料已经松弛，不能紧紧贴合在胸部，或是你看到穿戴后乳房部分无故升高，或是面料上已经起球了。

胸罩规格提示单

. . . . .

归纳一下，涉及到胸罩规格，有三个重点需要牢记：

(▶) 拜访专业人士。找专业的人士帮你量身可以保证你得到正确的尺寸型号。专业人士还可以指点你走出关于内衣的迷宫，帮助你完成使乳房抬升，甚至是重塑乳房的工作。

(▶) 不要一味纠缠于型号。每隔 6 个月到一年，你要重新量身确定自己的型号。我们的乳房随着年龄不同、增重或减重而不断变化，尤其是在产后。

(▶) 购买前试穿。胸罩尺寸因品牌不同而各异，所以即使你已经有确定的型号，还是需要试穿一下以确保合身！

第 4 章

外衣之下

胸罩与时尚

选择正确的胸罩，规格并不是唯一重要的因素，我们的许多决定亦与时尚有关。实际上，NPD 集团所做的市场调研表明，有 66％的女性会根据自身的着装选择胸罩的款式和颜色。

不论你是要为某个特殊场合准备着装，还是仅为日常穿着之用，你都需要从最里面的衣服开始考虑！胸罩就是你这最里面的一层，但是却对你的整体着装效果有着巨大的影响。Spanx 品牌的创始人萨拉·布雷克里（Sara Blakely）说："为你的衣装奠定最佳基础，与找到最佳着装同等重要。"选择正确的那一款——不论你外面穿上什么，你

的"宝贝"看上去都会很棒。（免责声明：要是你非要在外面套上乳胶管子，那我可就没辙了。）

就像是你要在不同场合有不同着装——诸如，周末穿休闲装，上班要穿通勤装，特殊场合穿礼服——你也需要不同的胸罩与不同的着装相搭配。如果你在外出工作时穿了件有拢胸效果的胸罩，那不是很奇怪吗？

你应该有一整套胸罩来与你的生活方式相配合，本章中，我们会将所有选择呈现给你。这样，你就可以根据自己衣橱里的情况，决定需要什么样的胸罩了。

63

胸罩必备基本款

· ·

位于华盛顿的 Sylene 内衣店的老板希拉·韦纳（Cyla Weiner）说："每位女性至少应该有 7 款不同的胸罩，每个星期一天一件。"韦纳列开列了张单子，她谓之"s 系列"——因为这 7 款胸罩的名称均以字母"s"开头。这 7 款胸罩基本款承担了你的日常运转：

* strapless：1 件无吊带胸罩。一件无吊带胸罩不再仅仅用于搭配晚装，特别是那种像手套一样贴合身体并配有可拆卸肩带的胸罩，它将成为你最常使用的一种，它能适合多种情况，与各种衣服搭配。

* spa：1 件水疗胸罩，提供日常舒适所需。T 恤式和舒暖胸罩均在此列。

* specialty：1 件特殊款式胸罩。例如，一款配合低胸外罩或裙装穿着的低胸胸罩。

* sports：1 件运动型胸罩。

* sexy：3 件性感胸罩，为出席晚宴、特殊场合着装或每日通勤装而备。这里面包括至少 1 件半杯型或"小阳台"款型（以配合低开领外装穿用），和至少 1 件薄纱

胸/罩/知/识/速/读

胸罩并非一直都是衣橱里的主角。直到 20 世纪的时候，女性才经常穿戴胸罩。那个时期，胸罩对各种形状大小的乳房"照单全收"，而不是为了塑造出更好的胸形，女性也并未视其为时尚单品。到了 1918 年，胸罩开始成为时尚用品，百货商店里已经有多达五十多个品牌，款式上也是百花齐放。

或花边（或任何被你定义为"性感"）的全杯型胸罩，以配合高开领外装。记住，半杯型胸罩对小号、中号的乳房有很好的烘托效果，而如果你的乳房偏大，则或许应该看看那些漂亮的全杯型款式。反之，小乳房的女性应该避开全杯型，而选择拢胸胸罩！

记得根据自己的实际需要调整上述推荐品类。如果你日常以休闲装为主，你就应该多备几件水疗胸罩，而一个 90％ 的时间都要穿衬衫和套装的女性，则应该多备几件有款型的胸罩。

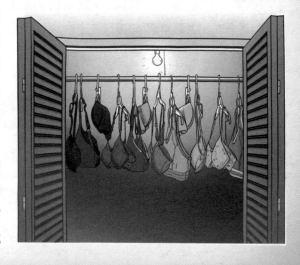

什么衣服下面穿什么

知道了自己该拥有些什么款式的胸罩以后，现在你应该知道要怎样搭配。明确什么衣服下面穿什么，才能帮助你避免发生"衣柜故障"。

下面是本书关于"什么衣服里面搭配什么款胸罩"的指导（如果你想知道都有哪些款式的胸罩，可向前翻到本书第二章，参看我们的胸罩字母表）。

主 要 款 式

无背无带胸罩
(Backless Strapless Bra)

阳台胸罩
(Balconette Bra)

前平型罩杯
(Bralette)

胸挡
(Bandeau Bra)

紧身胸衣
(Bustier/Corset)

多种穿法胸罩
(Convertible Bra)

半杯胸罩
(Demi-Cup Bra)

全杯胸罩
(Full-Coverage Bra)

加衬垫胸罩
(Padded Bra)

低胸胸罩
(Plunge Bra)

宽后背胸罩
(Racerback Bra)

运动型胸罩
(Sports Bra)

无吊带胸罩
(Strapless Bra)

收缩感胸罩
(Minimizer Bra)

T恤式胸罩
(T-Shirt Bra)

黏着性支撑罩杯
(Support Adhesives)

胸贴
(Breast Petal)

日常款式

 T恤或紧身衣 无缝剪裁、质地柔软、有塑形罩杯的款式会在紧身面料下不易被看出。

  薄面料外衣 除非你想让胸罩透视出来，否则一定要选择肉色的款式！

 深V领套衫

   低胸装 哪种款式合适，取决于外衣胸部的低洼程度。

  露背装或低背装 选择多用途胸罩里那种后背带子也可以像皮带一样系在腰间的款式。

  船形领口

 露肩装

  背心装

 无袖装

  无肩带装

特殊款式

细肩带长裙
或晚装

绕颈式露背长
裙或晚装

某些情况下,你需要使用那种多功能低胸胸罩,具体要看外衣领线的低洼程度。

单肩不对称式长
裙或晚装

在有肩部设计的一侧使用肩带。

无肩带长裙
或晚装

哪种款式更好,取决于外衣的设计。

紧身衣式长裙
或晚装

或者,空心上阵吧!这种款式的衣装通常已经有完备的支撑设计。

低领线长裙或晚装

露背长裙或晚装

前后双面低挖设计
的长裙或晚装

上身轻薄透露、后背
嵌条的长裙或晚装

虽然这些表格里几乎覆盖了各种可以想到的衣装类型，但有些时候，你需要搭配服装穿用的胸罩根本就不存在！用这个场景来举个例子：你的好友让你给她做伴娘。她挑选的礼服精细复杂，你为之眼睛一亮，但也马上意识到，你的胸罩里没有一款可以与之搭配——或者干脆说，那样的胸罩你根本就没有见过！但是，穿不穿这件礼服已经不是你能决定的了。怎么办呢？

胸罩设计师塔拉·卡沃西就是在处于这样的困窘中时设计出了无背无带胸罩，这种款式已经由时尚造型公司荣誉出品。而对于我们当中不算太灵活的那些人，也可光顾附近的裁缝店。用

胸/罩/知/识/速/读

紧身胸衣，这种引发身体疼痛的胸罩前身，一度是女性拢胸和制造出夸张细腰的手段。如今，胸衣款式再次成为时尚亮点——当然不再是束腰的肚带，而成为一种女性装饰品——在各式晚礼服与女衫下尽现媚惑。

一些布片创造性地缝纫起来，裁缝师可以为你定做你需要的特定款式。记住啊，一定不要把胸罩缝进衣服里去，因为你动它也会跟着动，无论是胸罩还是外衣，看上去都会很别扭。但是缝纫师认为，这种将罩杯缝制在衣服中的做法更适合罩杯型号小于 C 杯的人，对这些人来说，不太会发生罩杯挪位。

配色方案

胸/罩/知/识/速/读

你习惯将胸罩搭配同款内裤穿着吗？Fabsugger 网站(www.fabsugar.com)上的一项投票结果表明,55%的人回答说"不"。Shopsmart(www.shopsmart.org)网站上的投票结果显示亦是如此——58%的人表示,她们从不或很少玩这种搭配游戏。

从技术上讲,作为内衣,胸罩意味着在你外面穿了衣服的情况下是不会露出来的。但是你所选择的胸罩的颜色仍然十分重要,因为胸罩的颜色决定了其可透视度。你肯定是不想让它显露于人前的——除非你是麦当娜,或者本身够大胆张狂(当然,那是你的特权)。

遵循下一页中的表格,可以决定什么样的罩衫下应该穿戴哪种胸罩。但是首先,关于胸罩的颜色有两点重要原则:

浅色优先:你至少需要两

71

件肉色或浅色的胸罩。(为什么非要是两件呢?这样你可以倒换着来穿呀,假如一件洗了还没干呢?)大家普遍认为白色的胸罩最好搭配衣服,其实不然,最好搭的是肉色。白色胸罩穿在深颜色的外衣或是厚重的面料下没有问题,但是,穿在白色外衣下就不行了。而肉色胸罩穿在任何衣物下几乎都不会暴露出来。另外,胸罩会形成不同颜色的影子——黄褐色的、米色的、棕色的,所以不

管你的肤色怎样,都可以找到合适的配搭。在我看来,你根本不必全部都选择肉色的胸罩!

黑色作后盾:你至少还需要有两件深色的胸罩,用以搭配深一点儿颜色的衣服,尤其是,要选择黑色的。如果外衣比较紧身,肉色的胸罩,尤其是其边缘轮廓,还是会显现出来,在这种情况下,一款朴素的黑色胸罩效果将会更好。

72

胸罩颜色	罩衫颜色
肉色	可穿着在任何颜色罩衫以及紧身衣物下!
白色	只可穿在有颜色的罩衫之下。不可穿在白色罩衫下!
黑色	可穿在黑色罩衫或是条格衫下。
鲜艳色系	可穿在黑色、条格或是其他鲜艳色系罩衫下。
有图案的 / 带花边的 / 多色的	可穿在黑色、条格或是其他鲜艳色系罩衫下。(注意:如果罩衫颜色较深且又瘦又紧,你则需要选择肉色或是样式简单的款式。)

各种体形适用胸罩款型

你的着装不是使自己身材出众的唯一办法。胸罩也会令你身材傲人！正确款式的胸罩会令你外衣之下的曲线更加匀称。然而，这第一步，是你得知道自己到底是什么体型。

尽管对女性体形的分类有不同理论，但我们还是以我们的目的为出发点，采用最普遍的分类方法，将女性体形大致分成四种基本类型：

(◀) 苹果形或倒三角形：这种身材的女性易在腰腹部囤积脂肪，这使她们的中段部分如同一只苹果一样浑圆。腰腹部宽，头脚两端窄，看上去像是一个倒三角形。

73

(▶) 漏斗形：这种身材的女性看似一个漏斗：上围和臀部丰满，腰部却显著地细进去。

胸/罩/知/识/速/读

北卡罗莱纳州立大学的学者在其开展的一项调查中发现，虽然只有8%的女性是漏斗形身材，但是服装设计师和制造商仍然会以这种苗条身材的人为样板制作成衣。在接受调查的6000名女性当中，几乎有一半的人是长方形体型，20%的人是梨形身材，14%的人为苹果形或倒三角形身材。

74

（◀）梨形：这种身材的女性身体形状像是一只梨子，上围已然比较丰满，而下围又格外丰满。

（▶）长方形或香蕉形：这种身材的女性更容易成为肌肉女或是运动型的人，直上直下没有腰线，曲线平直。

大多数女性的身材都可以被归入这些类型当中。特定款式的胸罩适合于特定体型的人群。关键在于，要选择能使自己扬长避短的那种款式。例如，如果你的上围较粗，像是只苹果或是倒三角形，你就该选择那种收缩感胸罩；如果你的下围较粗，像是只梨子，就要选择那种加了衬垫的拢胸胸罩，用以平衡突出的臀部。

你可以在下一页的表格中找到自己的身材类型，对应着看自己可以选择的胸罩款式。

身材类型	选择与规避
苹果形 / 倒三角形	选择:收缩感胸罩(视觉上可弱化胸部) 规避:拢胸胸罩和加衬胸罩 (这只会让你的上围更粗壮)
漏斗形	你好幸运啊,几乎可以穿任何款型的胸罩!也许你更愿意选择可以加深乳沟、更能突出你的漏斗形身材的款式。
梨形	选择:拢胸胸罩和加衬胸罩 (可以很好地平衡你宽大的臀部) 规避:前平型胸罩或收缩感胸罩 (可压缩或弱化胸部的丰满感觉)
香蕉形 / 长方形	选择:可加深乳沟的宽肩带款式,如前平型胸罩(可令肩部显窄,使身材更加女性化) 规避:收缩感胸罩或压缩式运动款胸罩 (只会令你的肩膀和胸部更显宽大)

总结一下本章所述:了解自己的身形,准备黑色或是肉色的胸罩,选择多用途的款式,这样,即使是你从办公室直接奔赴朋友的婚礼,也只需拆掉胸罩的肩带而已。虽然"舒适为王",但也不要忘记准备几件性感的款式,确保让自己在各种场合、各种衣装下都可以搭配正确的胸罩!

第 5 章
你的胸罩，你的身体

还记得波姬·小丝(Brooke Shields)那句著名的广告语吗，"在我和我的 Calvins 牛仔裤之间什么也没有。"这里没有牛仔裤的事，咱们要说的是，在你和你的胸罩之间什么也没有。胸罩一直都是与你的身体最亲近的那件衣服，也是会因你身体的变化受到最大影响的那件衣服。

我们的身体，在 40 岁的时候不可能看上去还像 10 岁那样，更何况是我们的乳房呢？myintimacy 网站开展了一项有 500 名女性参与的研究，调查发现，一般女性乳房的形状、大小和位置，在其一生当中至少会发生 6 次改变。我们的乳房一直都在变化之中。而最显著的变化易发生在青春期。一生当中，我们会经历一系列身体的变化，这些变化也影响到我们对胸罩的不同需求。这就是了解这些变化，了解乳房如何可以在经历这些变化时依然支撑住我们的重要性——不论是在生理上，还是在感情上。

本章中，我们将讨论乳房最常经历的 7 种变化：

◉ 青春期

◉ 怀孕与哺乳

◉ 增肥或瘦身

◉ 乳房切除术

◉ 隆胸及其他乳房外科手术

◉ 生理周期、绝经以及内分泌失调

◉ 年龄增长

79

青春期

....

青春期通常在 9—16 岁，在这一时期，女孩子们无一例外地会迎来月经，长出体毛，乳房也开始发育。女孩子总是在这一时期开始穿戴胸罩——即使是尚未完全发育的胸部还不能将胸罩完全填满。

不管是因循社会认同（她的所有同伴都是如此啊），还是乳房实际上已经开始发育，你都想要为她准备一件那种传统的"训练胸罩"。训练胸罩的型号比普通款 A 罩杯要小一些（类似于 3A 或双 A 的大小），一般没有钢托，面料都是弹力棉之类。发育较快的女孩子，可以直接去选择罩杯柔软的普通款式，如双 C 女孩用无缝设计全天候上托胸罩，这款胸罩特别为青春期女孩设计（你可以在 www.dotgirlproducts. com 网站上搜货，该网站主营女孩青春期用品，如经期用品、胸罩系列等等），那种分大、中、小号的压缩式运动胸罩，也可作为训练胸罩使用，你可以以你的童装号码作为参考。

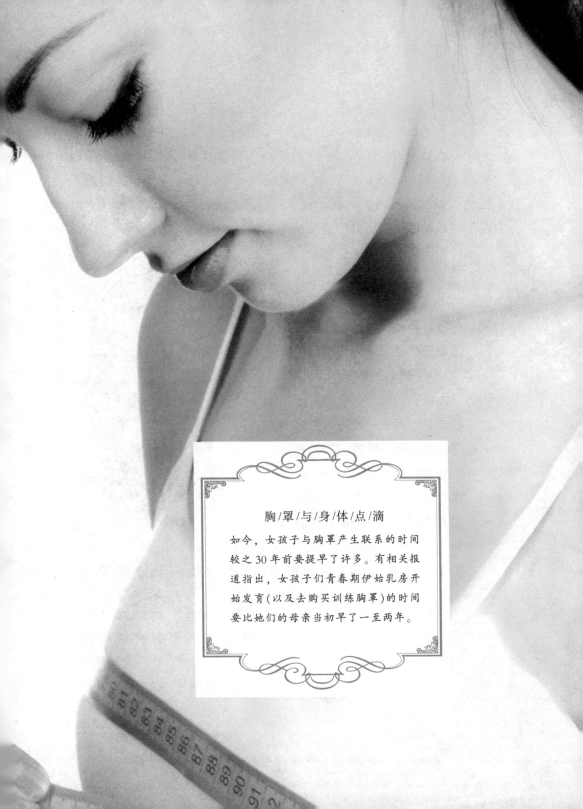

胸/罩/与/身/体/点/滴

如今，女孩子与胸罩产生联系的时间
较之 30 年前要提早了许多。有相关报
道指出，女孩子们青春期伊始乳房开
始发育(以及去购买训练胸罩)的时间
要比她们的母亲当初早了一至两年。

如果家有八九岁或十几岁正要迈入青春期的女孩，记得一定要帮助她顺利度过这一时期，尽量给予她所需要的引导和支持。初期穿戴胸罩不当，会严重地影响到她们的情感健康。在我十几岁的时候，别人都已经戴上胸罩而我却没有，我因此而受到嘲笑。此后一年多，我开始在紧身白T恤里边穿上我最心爱的粉色胸罩，那种感觉，直到今天，我仍然记忆犹新。

要帮助女孩子们迈过人生这个重要的里程碑，最好的方式是带她们到商店或是内衣店去，帮她们找个专业的导购员（如果你自己就是专家，那么有你就够

了！）。她的一生中会不计其数地去往这里试穿，所以你要帮助她尽量放松，在她渐渐长大并通向成熟之路上克服掉最初的尴尬。

"当你的女儿长到12岁，你太太给她买了件超蠢的衣服，叫做'训练胸罩'。训练什么呢？我可从来没有穿过什么训练内衣。相信吗，当我踢足球的时候，对训练内裤的需要可是比任何12岁女孩需要训练胸罩都有过之而无不及。"

——比尔·科斯比（Bill Cosby）

怀孕与哺乳

怀孕,很可能是一个女人一生当中最重要的里程碑,也会令其身体付出相当大的代价——尤其是乳房。身体迅速地增重、减重,以及随之而来的哺乳,都会引发身体各部位的下垂,乃至衰老。"女性怀孕期间,乳房瞬息万变,就像是巫婆手中的水晶球!"贝佛利山著名的外科整形医生加斯·费舍尔博士(Dr. Garth Fisher)这样说道。他同时也是《彻底改变》(Extreme Makeover)中的影星和系列DVD作品《整容内幕》(The Naked Truth about Plastic Surgery)的作者,"一般来说,生育会令乳房胀满、撑大、下垂或收缩。"

双乳是首当其冲受到怀孕影响的部位,你所穿戴的胸罩型号、款式也不可避免地会发生变化——孕期与孕后均是如此。根据 www.ezinearticles.com 网站上一篇题为《新妈咪生育用胸罩指南》所说,处于孕期与哺乳期的女性,由于肿胀的乳房和为了孕育不断壮大的小生命而扩张的胸腔,胸罩通常至少会涨出一个号码、大出一个罩杯的样子。有的人甚至有仅在孕期9个月里就更替使用了十几件胸罩的记录。在我首次怀孕期间——也就是我在写作此书期间,仅在头三个月里,我的胸罩就升了两个罩杯!

你对孕期胸罩的需求,取决

83

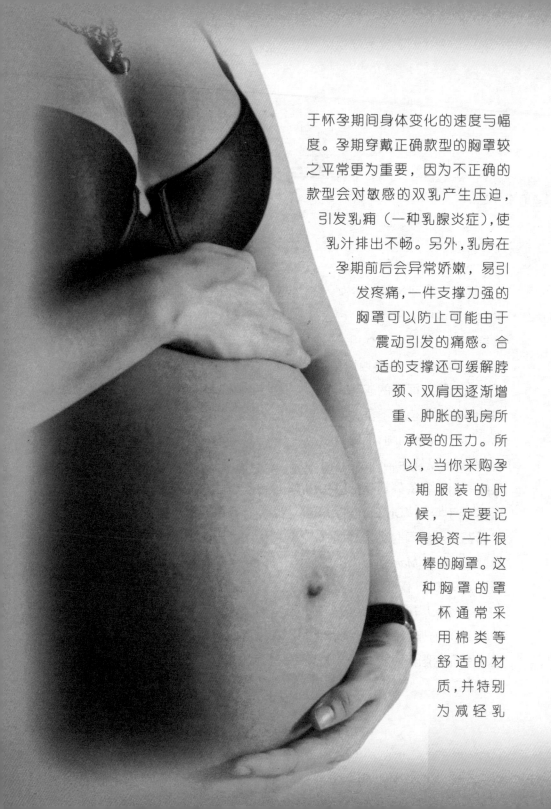

于怀孕期间身体变化的速度与幅度。孕期穿戴正确款型的胸罩较之平常更为重要，因为不正确的款型会对敏感的双乳产生压迫，引发乳痈（一种乳腺炎症），使乳汁排出不畅。另外，乳房在孕期前后会异常娇嫩，易引发疼痛，一件支撑力强的胸罩可以防止可能由于震动引发的痛感。合适的支撑还可缓解脖颈、双肩因逐渐增重、肿胀的乳房所承受的压力。所以，当你采购孕期服装的时候，一定要记得投资一件很棒的胸罩。这种胸罩的罩杯通常采用棉类等舒适的材质，并特别为减轻乳

房疼痛和乳头敏感而内置有轻薄的衬垫。

孕期末，如果你计划采用母乳喂养，你就该选择肩带比较宽大、更有承受力，并且在罩杯上有开口设计的哺乳胸罩，可以让你方便哺乳。有四种不同款型的哺乳胸罩，每种款式可以满足不同的哺乳方式。第一种款式的搭扣在前部两个罩杯之间；第二种款式中，拉链设计在每个罩杯的下方；第三种搭扣位于肩带处，可以直接将罩杯拉下来；最后一种前片互相缅在一起，可以直接将乳房从罩杯里拉出。你大可选择你认为最舒适的那一款！

如果你是在宝贝尚末出世的时候提前准备哺乳胸罩，就要考虑到，在即将临盆的日子里，乳房会因涨满乳汁而更加膨胀，所以你所选的型号要留有足够的富裕量。根据 www.consumerre-ports.org 官网上的说法，最佳的哺乳胸罩是那种"可拉伸、吸力强、不会以任何方式捆绑住乳房干扰乳汁分泌的款式。最好选择100％纯棉或纯棉莱卡制品，或是其他弹性面料的材质"。

选择款式和规格时，你要遵循第三章罗列出来的那些条目。但是在这里，还是要为你推荐一种专业款式——虽然在很多医院里都有驻地代表，在你住院期间肯定都会这么做。《新妈咪生育用胸罩指南》中推荐一款有多排搭扣的胸罩，这样你在生完宝贝之后，一旦胸围恢复正常尺寸，就只需将胸罩后背搭扣移至最里排使用即可。www.whattoex –

pect.com 网站上说，女性在生育之后 6 个星期左右，胸围基本会回复到怀孕之前的尺寸，但罩杯还是要较先前大上一个号。（情况因人而异！）Bravado 的亲肤无缝设计哺乳胸罩实际上可以适合多种尺寸和罩杯型号，以满足女性这一时期内身体状况的波动。

哺乳期间，你应该避免使用带钢托的胸罩，因为带钢托的胸罩常常过紧，抑制乳汁分泌，引发严重的症状。在没有钢托的情况下，肩带和罩杯势必要承担起更多的支撑乳房重量的作用，所以要选择那种肩带较宽的款式，以免造成肩部勒痕。你或许愿意用那种只有轻薄衬垫的哺乳胸罩。但是我有朋友证实了此举并不明智，因为在穿着薄衣料的罩衫时，溢出的乳汁会浸透外衣，造成不必要的尴尬。

试穿哺乳胸罩的时候，不该只顾及舒适性和规格，也要考虑到当你怀抱饥肠辘辘的小家伙的时候，罩杯是否能够方便快速地解开。你会有很多选择（在 consumerreports.org 官网上可浏览到相关商品），包括有特别支撑力的运动款式，方便躺卧哺乳的款式，甚至还有罩杯内置在睡袍里的款式。为了获得最佳款式的孕期胸罩和哺乳胸罩，可以光顾专门设有孕期服饰专卖店的商店，就像是"孕期终点站"（Destination Maternity）的那种全国连锁店（他们的店员全部训练有素）。

体重变化

当你的体重增加的时候，乳房也会随身体其他部位一起增肥增大；而当体重减轻，乳房也会随之收缩。每个女性具体的身体状况不同：一些人在体重减轻时乳房可以毫无变化，对比之下反倒显得乳房更加丰满；可是有些人一旦掉了一点儿分量，首先减下去的就是乳房。每次体重发生变化之后，最好都要重新测量一下胸围，即使是双乳看上去毫无变化，胸围的尺寸也可能会有变化！

体重上的变化不仅会引起乳房大小的变化。如果增重之后再减肥，曾因承受额外的体重而受到拉伸的皮肤，有可能会一直保持那种被拉伸的状态而不能再恢复原样。乳房上的皮肤亦是如此，其结果就会影响到乳房的丰满与紧致。使用拢胸胸罩或是带有衬垫的胸罩，或者使用胸垫，可以使双乳在外观的丰满与紧致程度上得到改善。

乳房切除术后

. . . .

很遗憾，我们知道有些人不得不接受乳房切除术将乳房摘除。这在治疗乳腺癌中比较常见（或是在某些防止癌细胞扩散的治疗方案中），根据美国肿瘤协会的统计，在每8个女性当中，就有1人罹患乳癌。

如果你必须接受乳房切除术，不论疗程中是否涵盖了即刻的乳房再造，你一般都会要选购那种乳房切除术后专用的特殊胸罩（虽然患者在术后都要先穿着6至8周的术后专用服装，然后才会再使用术后胸罩）。乳房切除术后胸罩通常为柔软、透气的纯棉材质，有特殊设计的肩带以减少罩杯的震动性，可以调节，方便拆卸，并可有效地避免对伤口的刺激。这种胸罩通常在相应位置上设计有盛装义乳的口袋，因此内置胸罩就不是绝对必要的了。当然内置胸罩的好处是，可以帮助吸收胸部和义乳之间的汗湿，并防止义乳移位。

解伤口不适，并有效促进术后伤口愈合。该公司网站（www.amoena.com）上有经过特殊培训的导购专家在线，随时为乳腺癌患者提供帮助，帮其选购所需胸罩。

一些女性通过使用"组织扩充剂"在术后对乳房实施再造，即在乳房被切除的部位暂时植入盐水。医生在术后数月中不断将盐水泵入植入体当中，使肌肤得到逐步扩张。这种情况下，你要根据每个疗程的扩张情况穿戴不同型号的胸罩，因此要做好准备每一次都重新测量。

乳房切除术后专家薇拉·嘎若法罗（Vera Garofalo）也是俄亥俄州都柏林詹姆斯肿瘤医院治疗研究中心霍普斯精品店的项目经理，她强烈建议患者拜访术后胸罩导购人员，这些人在矫形术、修复术、足部矫正等方面已获得美国国家资质认证。你可以访问 www.abcop.org 的官

胸/罩/与/身/体/点/滴

乳腺癌的早期发现，不仅可以避免切除乳房，也对挽救生命有着重要意义。美国肿瘤协会认为，40岁以上的女性，每年应做一次钼靶乳腺透视——这是一种胸部 X 光透视。具有高患病风险的女性（有家族遗传史或被认为有"高致病因素"的人）应当在 30 岁时即开始每年做透视检查。每月的自查也很重要，如果可触及任何不明肿块，都应引起重视并立即就医。

一些内衣公司甚至在术后胸罩的舒适性方面做出了更大胆的尝试。Amoena 就是该产业中首家供销该类女用背心和胸罩产品的公司，其"汉娜系列"采用维生素 E 和芦荟来帮助缓

90

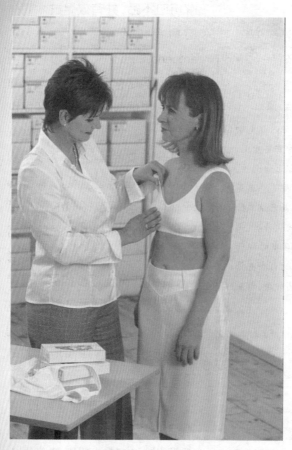

患者在乳房切除术后接受测量。

网，找到离你较近的一位。同时，这里还有一些选购术后胸罩的窍门：

⊙ 胸罩后背带子扣紧之后，像穿戴普通胸罩一样舒适。选择合适的尺寸对于防止胸罩移位或是上蹿尤其重要，因为这会带动义乳使之移位。你要试着将其视作真乳房——真乳房与身体相连，是不会发生移位的。而且，如果义乳没有被安放妥帖，就会引发对伤口的摩擦，继而引发敏感，因发生位移或上蹿而不断地拉扯胸罩，增加不适感。

⊙ 肩带应该是可以调节的，这样每只乳房会妥帖地保持在合适的位置上。肩带也会贴紧肩部却不致勒疼双肩，合适的松劲度是可以在带下伸进一指。你也可以试试那种为增强舒适感而加了衬的肩带，或是单独选择可以附加上去的肩带衬垫。假体不可避免地在分量上会与真乳房有差异，因此，调整肩带以使两边乳房对称并保证假体妥帖就很关键。

◉ 罩杯应该使人感觉妥帖，并完全遮盖住术后伤口，为获得最佳舒适度，罩杯应该完全兜护住乳房不留缝隙。

当然，所有这些，你都应该咨询你的医生，并在医生监督下完成。

隆胸及其他乳房
外科手术

无数女性选择通过手术来获得更加丰满的乳房，抑或缩小乳房。从美国整形协会首次开始提供相应统计数字来看，胸部整形始终都是最受欢迎的一种美容外科手术，让成千上万的女性前赴后继。也有许多女性选择乳房缩小术，概因本身乳房过大、过沉，以致引发生理上的疼痛。不论哪种情况，术后选择正确的胸罩都极具挑战性。

如果你实施的是隆胸术，即通过植入体使乳房增大，你会要在术后4至6周内穿着术后胸罩。一般情况下，这是一种上部有肩带的压缩款式胸罩，用以使植入体下降到适合的位置并固定住。另外有些时候，你会被安排穿戴一种有点儿像是运动款式只不过更柔软的胸罩（或者干脆就是一款运动胸罩！），到底要穿哪种，由你的医生、切口位置以及隆胸程度决定。大多数医生会认为，术后胸罩的选择要一事一议。通常在4到6周之后，你要做的第一件事情，就是奔赴内衣店去选购"胸部改良"之后的新胸罩。但是，对于整形之后的人来说，计算出胸罩的尺码并没有比其他人更容易。

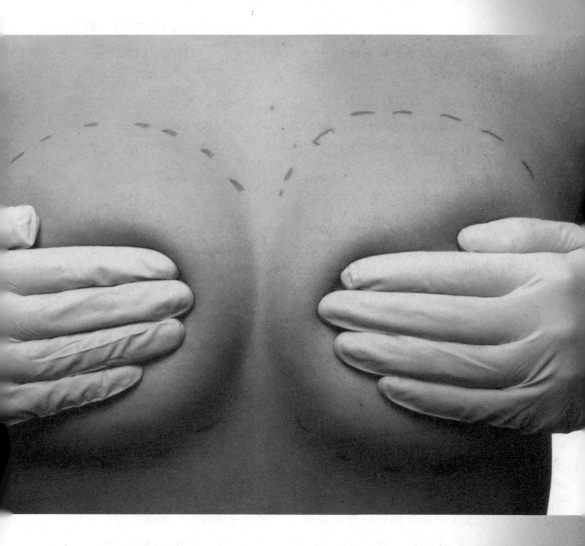

认为医生会根据你植入体的大小告诉你整形之后的胸罩尺码，这个概念是错误的。我们都听见过整容节目中有女性说到，"给我整个 C 罩杯"或是"我想要 D 罩杯那样大的"，但我所攀谈过的每一位医生都告诉我说，这是不现实的。植入物有不同体积大小，但却并不同罩杯型号相对应。植入物的大小以植入物承载的容积来计算（不论是盐水还是硅酮），通常以 cc 或立方厘米为计量单位。而我们已经知道，罩杯型号的决定还要和胸围尺寸相匹配。所以医生肯定没有办法保证你的新胸罩就是 C 罩杯。

跟以往一样，你首先要经过专业测量才能决定新号码，但是最好要等消肿之后（除非你计划到时候再去买新的）。具体时间要视你身体恢复的情况而定。尽管医生说最快两周就可以消肿，但是你至少要等到 6 至 8 周，整形后的乳房大小和形状才能最终确定。对于一些女性，这一过程甚至会长达 3 个月之久。

在经过重新测量购买了新胸罩之后，最好带去让你的医生过目，以确保这款胸罩不会干扰到正常的康复过程。要知道即使已经消肿，乳房始终还是处于康复期，并且这一过程要持续数月之久。

谈及康复，如果说你的手术伤口在乳头处，或是手术附带诸如乳房提升术等其他疗程，这种伤口比较复杂的情况，你就要选择那种无摩擦的棉质柔软款式，以保证让伤口不会受到刺激。在多种隆胸手术中，伤口都是在乳房下方胸廓处，在这种情况下，带钢托的胸罩就会刺激伤口，所以一定要在完全康复之前坚持使用无钢托胸罩。

这里有个常见的误区，即认为穿戴拢胸胸罩或带钢托的胸罩对经过隆胸后的乳房有害，引起植入体发生位移。甚至一些医生也持同样论断。我就此咨询了纽约总部的外科整形博士 C. 安德鲁·萨兹博格（Dr. C. Andrew Salzberg）——他自称是"一站式"乳房重塑的先锋（接受隆胸手术的女性在一次手术中同时完成重塑的过程），对此，他有自己的观点。"没有理由不穿任何一款你想穿的胸罩，也并无医学证明有钢托会损害植入体之说，"他说，"使植入体发生位移的唯一原因

是，如果盛放植入体的内置口袋过大或过期，肌肉松弛，导致植入体下滑，这不是胸罩的过失。"但是，如果规格不合适的钢托没有稳妥地停留在胸廓处，而是勒在乳房组织上的话，肯定就会引起疼痛和不适。许多医生因此建议，如果手术伤口位于胸廓处，那么至少在术后头两个月内要彻底

"我完全抵触整形手术。我有我们这个圈子里的头号巨乳，所以许多人认为我做过隆胸手术。可是我在 17 岁的时候还穿 34C 呢……在穿上拢胸胸罩之后，乳房就变大了。如果人们看到我回家后摘掉胸罩后的样子，他们会对这样的弥天大谎作何感想呢？"

——泰拉·班克斯（Tyra Banks）

弃用钢托胸罩。应该避免任何会摩擦伤口的款式，因为这会引起刺激，有可能使伤口恶化。

在购买术后胸罩时你还要记住一件事，即植入体通常要比真乳房更宽大，所以你要去试试比以往更丰满的罩杯款式。

那如果是缩胸手术又该怎么办呢？纽约拉伊布鲁克的整形医生安德鲁·克莱曼（Dr. Andrew Kleinman）博士认为，接受缩胸手术的患者在术后胸罩的使用上，与隆胸手术患者并无太大区别。但是缩胸手术患者通常会"在穿用这种胸罩一两个星期之后，就可以改穿其他任何款式的胸罩了——只要舒服、不会摩擦伤口即可"。

不同接受缩胸手术的患者情况不同——每个人移除的乳房组织体积不同，加之年龄各异、肤质不同，再加之患者是否生育过等因素，都会成为干扰因素，因此，术后的胸罩尺码很难预测。"在几个月之内，肿胀势必影响

到乳房最终的形状，新乳房的成形过程要在数月之内慢慢完成。"克莱曼博士如是说，"这一过程的长短，很大程度上取决于手术技术以及接受手术的人个体的情况。但即使是大幅度的缩胸手术之后，乳房大小、形状的变化过程都不会超过一年。"这意味着，太多次的量体，太多件胸罩。但是，克莱曼博士补充道，大多数患者在术后大约三个月，即可找到"可穿用相当长一段时间"的胸罩。

也许，对接受缩胸手术的人来说，最难把握的是，术后改变的不仅仅是乳房的大小，还有形状。"缩胸手术中，你要改变的不仅仅是把乳房变小，还要让乳房恢复到正常水平的位置上，因为大乳房的女性更易经历乳房下垂。"克莱曼博士指出。所以你要关注的，不仅仅是大小的问题，还有位置和形状上的变化。

在术后疤痕上，缩胸手术与隆胸手术差异很大。缩胸手术

好莱坞式乳房

乳房形状各异，大小不一。但是外科整形医生说，越来越多的女性更加倾向于拥有浑圆的、夸张的乳房。这要归咎于好莱坞吗？"我相信，女性对浑圆的好莱坞式乳房的狂热始于帕米拉·安德森（Pamela Anderson）和她主演的《海滩护卫队》（Daywatch days）。"外科整形医生加斯·费舍尔（Garth Fisher）如是说："电视里出现的那些令人想入非非的乳房，都是浑圆超大的，许多都是经过植入塑形的。"医生认为，自然的乳房形状应近似泪珠。

如今，通过植入，可以塑造出各种形状和大小的乳房，女性大可随心所欲。最新获准作为植入体使用的硅酮尤其受到欢迎，概因与原先的各类盐水相比较，它可以营造出更为逼真的外观与更棒的手感。这种备受追捧的植入后效果，胸罩也可做到，此款被"好莱坞影星御用衣"恰如其分地命名为"好莱坞超乳胸罩"。通过技术性地在罩杯下部置放衬垫，罩杯可以将双乳聚拢托起，制造出球形般的丰满外形和深邃的乳沟。

中，疤痕可以是从围绕乳晕的细线，到乳房上的棒棒糖形状，再到锚形，这让寻找不会摩擦伤口的合适胸罩变得更加困难。"伤口愈合期，选用舒适的、不给伤口带来任何刺激的胸罩格外重要。一件在伤口上蹭来蹭去的胸罩会引发皮肤瘙痒，你无论如何要避免使用。这一点，甚至比术后选择合适的款式更为重要。如果你找到的这款胸罩足够贴身，感觉舒适，那么就说明你选对了。"

克莱曼博士说，不论你是接受隆胸手术还是缩胸手术，乳房的形状在今后数年之中的改变方式与原先的乳房都会略有不同。"就像是有着大乳房的女性与有着小乳房的女性相比，乳房下垂的速度会更快，接受过乳房整形手术的女性与其他没有接受过整形的女性相比，更应该关注自己乳房的不同变化。伤口愈合的过程是动态而非静态的。所以你会注意到，你总可以更换自己喜欢的胸罩款式，每一款都能穿上好几年。"

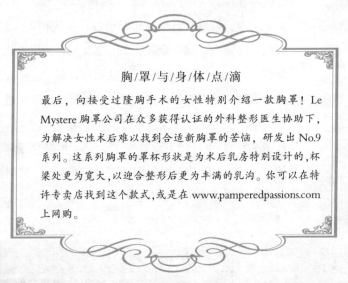

胸/罩/与/身/体/点/滴

最后，向接受过隆胸手术的女性特别介绍一款胸罩！Le Mystere 胸罩公司在众多获得认证的外科整形医生协助下，为解决女性术后难以找到合适新胸罩的苦恼，研发出 No.9 系列。这系列胸罩的罩杯形状是为术后乳房特别设计的，杯梁处更为宽大，以迎合整形后更为丰满的乳沟。你可以在特许专卖店找到这个款式，或是在 www.pamperedpassions.com 上网购。

生理周期、绝经以及
内分泌失调

· ·

哦，激素。它总是在给我们女孩子捣乱，不是吗？我们不仅要在青春期、孕期和绝经期应付它，还有每个月、每个月的那几天！

激素波动的原因很多（其中，青春期和孕期这两个特殊阶段我们已经讨论过了），这里让我们从最常见的原因说起：月经。经期肿胀的乳房大出整整一个罩杯！这让你的胸罩爆满，相应的，你最好常备至少一件更加"丰满"的胸罩，以应付这种变化。你或许愿意为每个月里这特别的一周专门买上一两件胸罩。我认识的很多女性在这个时候，都愿意改穿那种软罩杯的胸罩，以避免

对敏感的乳头产生刺激。

也许，激素水平变化最剧烈的时候发生在绝经期。伴随着面色潮红、性欲低下，以及其他绝经期症状，你还要应对变化中的乳房。国家肿瘤研究院称，"绝经期开始后，停经会令激素水平降低，乳房会随之变得不再紧致，更为松弛。"这会使乳房加速下垂，需要胸罩提供更多的支托，例如使用拢胸胸罩。但是，尚无研究表明这一时期应该穿戴什么"特殊"的款式，倒是因为潮红、出汗，你会愿意选择更为轻薄、透气的材质。

除了经期和绝经期，"避孕、激素替代疗法、可的松，以及其

他一些药物，都会促使水分滞留，从而影响到女性体内的激素水平。这有可能会令乳房增大出一个罩杯号去。"www.myintimacy.com 网站的内衣导购专员这样解释。光是药物这一项，就可令激素水平超标——药物作用类似于女性孕期体内发生的激素变化，可以令乳房增大。实际上，在过去40 年间，女性乳房普遍增大的现象，至少有一部分可以归因于避孕药中的雌性激素，还有人们不良的饮食习惯、不断增加的体重，当然还有整形手术的普及。重要的是，你要关注这些变化，并重新测量，以确保穿戴合适尺寸的胸罩。

年龄增长

与脸部一样，我们的乳房也会泄露年龄的秘密。可以放心大胆地说，所有女性都知道年龄增长会对乳房产生不良影响。重力要算罪魁祸首。随着年龄增加，皮肤日渐失去弹性，重力引起的下垂在所难免。加之大多数女性一生当中都会经历怀孕、体重变动等等，可想而知，我们的乳房要经历怎样的考验！结果是，乳房不仅越来越下垂，其形状和大小也会完全发生改变。

遗憾的是，尚无任何确凿有效的措施可以帮助我们防止这种下垂。一些人认为睡觉时也穿戴着胸罩或者坚持使用带钢托的胸罩会有所帮助；另一些人则认为正是穿戴胸罩才会引起下垂，因为我们的乳房中有很多韧带组织，当胸罩取而代之完成支撑作用后，久而久之这些韧带就丧失了原本的功用（我们将在第六章深入探讨这些问题）。

但是，一旦你的"小宝贝"开始下垂，也没有必要非要动刀——款合适的胸罩即可挽住时间的手。只需找到一款合身的胸罩，便可在数年之间将乳房托回在原来的位置上，使你的外形更加年轻。如果你想增加些性感魅力，还可以选用拢胸胸罩或是带有衬垫的胸罩，很多女性都认为年龄大了不太适合戴这种胸罩，其实，哪有的事呢！选择胸罩时，你唯一需要注意的只是胸围尺寸而已。你有这个权利，在任何年龄上都让自己有着坚挺的乳房！

102

胸/罩/与/身/体/点/滴

市面上有很多花花绿绿的用品可以很方便地帮助你与年龄对抗。试一试 Bralief 的夹子和时尚造型公司的"带配"(strap—mate)吧，这两种款式都在后背处将肩带拢在一起，帮助将乳房稍微提升。不仅避免了讨厌的肩带下滑，还使你的乳房看上去年轻且坚挺。

是时候解开谜团了！你的胸罩对健康有影响吗？会引发癌症吗？继续阅读第六章去寻求答案吧！

第 6 章

胸罩处方

胸罩会影响健康吗？你只需在 google 上敲入关键字"胸罩"和"癌症"，数千条信息就会跳出来。信不信由你，真有关于胸罩是否会引发癌症的讨论。这业已成为研究和讨论的课题。

你将在本章中获知的，并不

仅仅是围绕胸罩而产生的健康问题。不合适的胸罩引发的问题内外兼而有之——包括从不良身姿、皮肤过敏到肌肉紧张、偏头疼，甚至是消化不良！胸罩甚至会影响到你正常的呼吸。除了影响到自我感觉，不合适的胸罩还会影响到我们的形象——这并不是暂时的，有人说，这将会是永久性的。

关于胸罩对健康的影响有很多不同的争论，有人认为胸罩的钢托会损害超敏感的乳房组织，另一些人认为钢托所起到的支撑作用是必要的；有些人说穿戴胸罩正是引起乳房下垂的原因所在，另一些人则认为是胸罩帮忙阻止了下垂。随着你阅读本章内容，你会知道哪些是真的，哪些不是，知道如何揭开关于胸罩的事实真相。

105

过　紧

即使压力与每天的生活已经令我们的身体绷得够紧，我们也还是要担心胸罩要给我们雪上加霜！得到大家共识的是，不合适的胸罩会引发肌肉紧张。如果你感觉双肩、后背、颈部和头部紧绷，这就该埋怨你的胸罩了——也许，它没能给你提供足够的支撑。当你感觉上半身吃紧，会牵扯到你站不直，导致不良站姿。胸部较为丰满的女性，其双肩所负担的重量更大（的确如此），所以，时常关注胸罩是否过紧就更为重要。

肩带和后背处的带子过紧，也会导致另一个问题：头疼。"如果（胸罩）在后背处勒得过紧，就会压迫后背的肌肉，继而压迫神经影响到向头部的供血，引发紧张与头疼。"马萨诸塞州总部的妇科博士戴夫·E.戴维（Dr. Dave E. David）如是说。

这些问题可以感觉得到，也可以看得见。如果胸罩在身体上留下了任何勒痕——在胸廓上，抑或在双肩上，都说明胸罩过紧了（更不用说它对肌肤构成的摩擦）。我们已经在本书第三章中提到过，你要一直保持胸罩与身体之间可以伸进一到两根手指的松紧度。为了减轻双肩压力、避免过紧，你可以选择更宽的肩带（宽度至少为半英寸）以及带有钢托的胸罩，以为罩杯提供更有力的支撑。

胸罩还会对肺部构成压迫。信不信由你，过紧的胸罩甚至会影响到呼吸能力！帕特丽夏·波顿－卢卡尔迪（Patricia Bow-den-Lucccardi）是呼吸科临床医学专家，也是纽约哈德逊放射疗法康复中心的导师，她还在马萨诸塞州峡谷兰西景区和温泉浴场做主题为《呼吸的力量》的演讲。"当你的胸罩过紧，便会抑制正常的呼吸，"卢卡尔迪这样说，"当呼吸被压迫的时候，科学证实会引发心血管疾病、高血压，以及其他诸如打嗝、腹胀和泛酸等症状。""最佳呼吸"网站（www.breathing.com）将胸部和背部肌肉被过紧的服装（比如说过紧的胸罩）抑制住的情况下尝试做深呼吸，比作"想在 3 到 4 夸脱的瓶子里吹起一个 5 夸脱的气球"。因此，一件合适的胸罩不仅能让你看上去很棒、自我感觉良好，还能让你畅快呼吸。

有自然"增围"的方法吗？

我们都看过电视购物节目当中那些锻炼、按摩、丰体乳以及草药介入疗法，听说过中学里的训练神话（"我们一定，我们一定，我们一定要增大胸围！"）。但是，除了激素和增重，我们真的可以让乳房增大吗？简而言之，不能。力量训练可以增强胸部肌肉，但不会对增大乳房奏效。至于草药介入，也没有医学证实说这种做法确实有效。

一种叫做"好啊！"（Brava）的外部"组织扩张器"系统已经在一些女性身上达到了既定的效果。该公司称，遵照它们的训练课，女性可以使乳房增大一个罩杯号。训练课？每天 11 个小时穿戴一件由电池驱动的类似真空装置的胸罩（刑具？），并至少连续 10 周。哎哟！

疾 病

∙∙∙∙∙∙∙∙∙∙∙∙∙∙∙∙∙∙∙∙∙∙∙∙∙∙∙∙∙∙∙∙∙∙∙∙∙∙∙

想到胸罩也会致病，真是觉得很可怕。但是一些学者坚信，只是有潜在的致病可能而已。1996 年，由悉尼·罗斯·辛格（Sydney Ross Singer）和索玛·格瑞斯梅杰（Soma Grismaijer）合著的《服装谋杀：乳腺癌与胸罩之间的关联》（*Dressed to Kill: The Link Between Breast Cancer and Bra*）一书引起颇多争议，其中罗列了他们在对近五千名女性作出研究之后的发现，他们称已经发现胸罩和乳腺癌之间的联系

（需要注意的是，并无其他著作申述同样的论点，所以要对其所述内容持保留态度）。该书作者称他们发现，那些全天候穿戴紧身胸罩的女性（胸罩紧到对淋巴系统构成压迫，淋巴系统是冲刷体内废物的血管网络和结节），罹患乳腺癌的风险性要比那些根本就不穿戴胸罩的女性高出 125 倍，而每天穿戴胸罩 12 小时以上的女性，罹患乳腺癌的风险就已极大地增加。

辛格和格瑞斯梅杰认为，紧

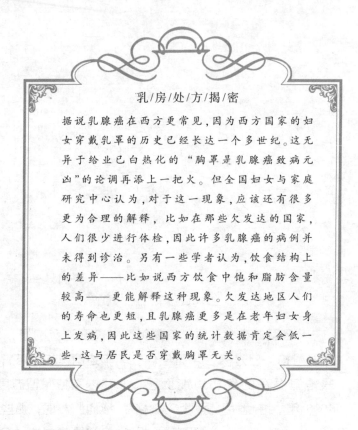

乳/房/处/方/揭/密

据说乳腺癌在西方更常见，因为西方国家的妇女穿戴乳罩的历史已经长达一个多世纪。这无异于给业已白热化的"胸罩是乳腺癌致病元凶"的论调再添上一把火。但全国妇女与家庭研究中心认为，对于这一现象，应该还有很多更为合理的解释，比如在那些欠发达的国家，人们很少进行体检，因此许多乳腺癌的病例并未得到诊治。另有一些学者认为，饮食结构上的差异——比如说西方饮食中饱和脂肪含量较高——更能解释这种现象。欠发达地区人们的寿命也更短，且乳腺癌更多是在老年妇女身上发病，因此这些国家的统计数据肯定会低一些，这与居民是否穿戴胸罩无关。

身胸罩会对上半身产生压迫、阻碍呼吸，胸罩（尤其是那些带钢托的胸罩）会压迫乳房组织，抑制血液循环和流通，引起淋巴系统失灵。一旦淋巴系统无法正常运作，就无法排输乳房中的废物，诱捕其中毒素。这会导致毒素在乳房组织中淤积、被重新吸收，引发癌症。

评论家对该书采用的研究方式并不认同，认为这里未剔除其他变量的影响因素，比如其他众所周知的乳腺癌致病因素。争论由此继续升级。

在你给胸罩下结论之前，想一想这个：几乎全美国的女性都穿戴胸罩,美国肿瘤协会称,每8名女性当中就有1人在某个年龄上被诊断为乳腺癌。如果你很在意,你只需选择在一天当中的某个时间段里不穿(比如在家中闲荡期间)或是选择更加舒适、完全不包身的款式,比如说一件简单的无钢托棉质胸罩。对大多数女性来说,穿戴胸罩的好处远远大于这些论断中描述的潜在"危险"——这也许就是胸罩业始终兴旺发达的缘故,尽管辛格和格瑞斯梅杰的书早在几十年前就已经问世了。

另一个有争议性的反对胸罩的论点称,穿戴受到化学物质甲醛污染的胸罩,会发生顽固皮疹和皮肤刺痒。甲醛在很多日用品中用作防腐,但却被环境保护协会贴上了"有可能致癌"或是"癌症诱因"的标签,并且已被确定是一种过敏原。在美国,在纺织品中使用甲醛是非法的。至于那些问题胸罩是否真的含有甲醛,或是甲醛是否就是女性致病的元凶,并无明确说法。

一种已经获得证实的与胸罩有一定关系的疾病是乳腺炎,这是一种因乳腺管阻塞和感染而引发的炎症。哺乳期女性如果穿戴过紧的哺乳胸罩,或是对乳腺管造成压迫的话(虽然乳腺炎还有其他致病因素,比如说不规则的哺乳或是长期趴着睡觉等),也会引发乳腺炎。一件宽松的、带襟翼的舒服胸罩,不会对乳头周围的区域构成压迫,是避免因胸罩导致乳腺发炎的不错选择。如果你愿意,也可洽询当地的导购人员。当然,任何感染症状都应得到医生的及时诊治。

胸罩亦会导致皮肤病。汗液黏着在胸罩纤维上对乳房构成摩擦(尤其是在胸罩不太合适的情况下更易如此),会引发刺痒性真菌感染。曼哈顿整形医生马修·舒尔曼(Dr. Matthew Schulman)博士称,"如果穿着不透气的面料,会在皮肤上,乳房及其周围区域发生皮疹和真菌感

111

染。"那些乳房丰满的女性或是胸罩内部位爱出汗的女性尤其需要注意，湿热的环境下更易发生感染，当然这类皮肤感染会发生在任何人身上。改穿自然材质的胸罩（比如说棉质的），有助于避免感染，因为这类纤维更加透气，比较不容易提供霉菌滋生的条件。如果已经发生感染，将氢化可的松和抗真菌乳膏涂抹在皮肤上和乳房下部，可以帮助治疗皮疹，但是要记住用热水洗涤胸罩，以防再度感染。

下　垂

　　重力，在艾萨克·牛顿（Issac Newton）首次发现地心引力的时候，被认为是科学巨献，3个世纪过去后，地心引力却成为全世界女性的公敌。人们设计出胸罩来对抗它，当重力向下拉拽乳房时，胸罩却将乳房托起。但是，即使是最棒的拢胸胸罩，也不能阻止我们的"小宝贝"随着时间的推移而发生下垂。那么什么是引起下垂的真正原因呢？为什么一些人发生下垂的时间要更早一些？哺乳会加剧下垂吗？要是不穿戴胸罩会怎样？穿了又会怎样？

　　一些学者认为，穿戴胸罩会阻碍乳房发展（或称强化）自身的内部支撑结构，由此引起下垂。但是医生不这样认为。"总的来说，重力在乳房下垂的问题上扮演了最为重要的角色。"拉斯维加斯的整形医生萨米尔·潘乔利（Samir Pancholi）说，"我们都听说过，在年轻时拥有小巧、坚挺乳房的女性，因为重力的拉拽，在其成为90岁老妪的时候，乳房也不会再坚挺。"

　　马修·舒尔曼（Matthew

Schulman）博士认为，下垂主要由三个方面导致："肌肤缺少支撑力或弹性；乳房内部支撑结构的欠缺——这种名曰'库柏氏韧带'的结构，起到了'体内胸罩'的作用；还有就是随着年龄的增长、体重变动、怀孕等造成乳房组织的老化。"

潘乔利阐述了引起下垂的众多因素：

怀孕："乳房增大，皮肤被拉伸。很多情况下，皮肤被拉伸的状态已远非自身弹性纤维所能承受。一旦如此，它就像一根被抻得太长、抻得太久的皮筋——再也恢复不到从前的状态。"

年龄增长："女性年龄的增长、不同的环境因素等，都会影响到肌肤的状态。这些因素令肌肤组织成分状况恶化，发生松

弛，引发下垂。"

隆胸手术："女性接受手术增大乳房，植入体越大，肌肤被拉伸得就越厉害，这就再度演绎了'皮筋效应'。这些弹性纤维只能日复一日地处于被拉伸的状态，直到再也坚持不住，最终乳房下垂。采用复合的方式，以肌肉上方的植入体来平衡底层的植入体。（置于肌肉上方的植入体）只能靠皮肤和乳房组织来稳固住它——通过具有良好拉伸力的弹性组织，而不是凭借身体最强有力的因素。"

乳/房/处/方/揭/密

睡觉时穿胸罩可以帮助防止下垂吗？医生说，此说并无科学依据。所以睡觉时，你还是怎么舒服怎么办吧！

哺乳会引起乳房下垂吗？

怀孕肯定是会影响到乳房下垂的，那么2007年的一项调查则专门对哺乳的影响予以披露。美国整形学会发现，在接受调查的女性当中，有55％的人在孕期过后注意到自己的乳房在形状上发生了变化，但却并无一例报告说，在为期2至24个月的哺乳期过后乳房形状发生了任何改变。该调查同时发现，女性乳房是否下垂并非是由于怀孕期前后体重的增减变动决定的，相反，是由诸如女性怀孕前的体重指数（BMI）、怀孕的次数、孕前乳房是否丰满、年龄以及是否吸烟等因素决定。

钢托胸罩弊大于利吗?

· ·

对胸罩中的钢托具有潜在危害性的争论由来已久。实际上,www.bigbra.com 网站上的一篇文章提到,在两本书中———本叫做《女性的身体,女性的智慧》(*Women's Body, Women's Wisdom*,2002 年),一本叫做《医生不会告知你的绝经前期那些事》(*What Your Doctor May Not Tell You About Premenopause*,1999 年),都建议女性完全弃用钢托胸罩。两书都源引血液循环以及乳房及其周围组织的淋巴液流动的原理,认为钢托会对这些腺体造成压迫,阻碍乳房中毒素的排出。

听上去可能很有道理,但并无确凿证据认定穿戴钢托胸罩是有害的——除了如果杯型太小的话会有一点儿疼之外(如果钢托的位置没有处于胸廓,而是压在了乳房上,则会夹痛乳房)。如果钢托过紧勒在皮肤上令下面出汗,又或是因为太松产生移位或摩擦,则有可能会加剧了对皮肤的刺激,所以要小心处之。除此之外,快马加鞭,继续前进吧!

力越大，重力的作用就越小。"

对于大多数女性来说，乳房下垂都是不可避免的，除非那些乳房非常小巧的女性。对拥有巨乳的女性来说，因为胸部自身重量的缘故，下垂发生得会更早。但是遗传也是其中部分原因。"一些女性似乎比其他人下垂的幅度更大，这只是遗传。"加利福尼亚橘州的整形医生约翰·迪·塞阿博士（Dr. John Di Saia）说。迪·塞阿指出，体重波动也是原因之一："长期剧烈的体重增减变化也会加速下垂过程。"

至于怎样解决下垂问题，许多专家认为，除了手术，唯一至少可以在外观上改善下垂状态的办法，就是一件很棒的、带有钢托的拢胸胸罩。

117

乳/房/处/方/揭/密

锻炼胸部肌肉会有助于防止乳房下垂吗？很遗憾，不能。因为我们的乳房由组合和韧带（而不是肌肉）构成，真是没有办法通过锻炼使它们更加强劲和保持"原地不动"。

舒尔曼称，根本没有科学证明认定乳房下垂要归咎于胸罩。潘乔利则说，实际上，如果非要说有什么的话，那么就是，胸罩给我们对抗下垂的战役助了一臂之力。"胸罩在防止下垂的过程中功不可没。乳房得到的支撑

揭密之后，让我们聚焦失礼的情况。说到胸罩，有很多失礼的状态。想要将这些失礼都列入"限制级"吗？现在就去把这些情况找出来吧！

第 7 章
胸罩的失礼

失礼：失足；错误或
错误的尺度。

——《韦伯斯特词典》(未删节修订版)

我们全都听说过这么个名词，叫做"时尚失准"。这种情况时有发生。不管是走红毯的艺人们所着透视装的"穿帮"，抑或只是在通勤着装上的"不合时宜"，失礼或时尚错误——不论是否纯属偶然，都会令我们深感遗憾。

涉及到胸罩，哪些方面会构成失礼，又如何加以防范呢？是肩带滑落，从外衣下暴露出来？还是在白色外衣下扎眼到离谱的白色胸罩？或者是乳头在衣装下激凸让全世界都能看到？

名人们大都对这类事件耳熟能详。时尚名流们因内衣不合体（或者干脆"真空上阵"）导致的令人跌镜的状况可谓层出不穷。2004 年，女演员塔拉·瑞德（Tara Reid）曾在红毯走秀中无意间露乳。歌手布兰尼·斯皮尔斯（Britney Spears），除了其不穿内裤、中门大开的丑态瞬间，还数度在热舞彩排中露乳，为锦城的夜晚平添春色。甚至 2007 年，在其演唱会期间亦爆出此类报道。珍妮·杰克逊（Janet Jackson）则为全世界引入了"衣橱故障"这一新名词，并在 2004 年全国直播的"超级碗"赛事中场演出中，暴露得比预想中的还有过之而无不及——其露胸瞬间经银屏直播放送，令举国上下瞠目不已。林赛·罗韩

（Lindsay Lohan）数度被拍摄到轻解罗衫。此类状况在女演员简·曼斯菲尔德（Jayne Mansfield）身上更如同"家常便饭"。20世纪50年代，有报道指其在众多场合故意露乳，以此作为在加纳宣传中搏出位的手段。

无论你是把这叫做"衣橱故障"，还是简单称之为"露乳"，对于大多数人来说，这都是女性把胸罩穿错了的例子（杰克逊事件始终遭人们诟病）。这些事件表明，这类事总发生在我们最昂贵的那些衣服上——即使它们花掉了我们上千两银子、出自私人造型师之手。

那么说到胸罩，你怎样做才能避免自己也出现"衣橱故障"呢？本章罗列出10大最常见的"胸罩过失"，教你确保此类事件不会发生在自己身上。将这10条戒律牢记心间，谨遵行事，胸罩过失于你，就只是浮云。

失礼 No1：肩带滑落

问题：胸罩肩带滑落，从外衣下面暴露出来——尤其是在穿着无袖装、马鞍领装、船形领 T 恤或裙子时，胸罩肩带滑落至肩膀处。

"这种恶劣的胸罩带症状影响到全国女性，她们将自己肮脏的、脱色的胸罩带从外衣下暴露出来，"www.brastraps.com 网站发言人米歇尔·苏德里（Michelle Soudry）说，"女性应该意识到，胸罩带是有使用期限的，在无袖紧身背心下暴露出脱色的、破旧的胸罩带，是一种严重的不当行为。"

女式衬衫下的胸罩带其实早就被取替多时了，取而代之的是那种透明塑料材质的隐形胸罩带。该网站称，胸罩带并不一定非要被隐藏起来——如果它可以与你的外衣协调一致，露出来也未尝不可（甚至还有供你参照使用的用色指南）。"我们愿意将胸罩带想象成你时尚衣橱的延伸部分，"苏德里说，"胸罩带成为你着装非常重要的一部分，令你看上去更棒或是更糟。"

解决方案：首先，你只需简单地选择无肩带胸罩就可万事大吉，或是尝试使用透明塑料肩带，这种肩带可以与任何一款肩带可拆卸下来的胸罩配套使用。时尚造型公司以及其他胸罩产品公司均有销售。正是出于这一目的，不少多种穿法胸罩都会另配有一副塑料透明肩带。

另一个办法是在肩带和外衣之间使用双面胶，让肩带安于原位并始终隐藏在外衣之下，或者使用时尚造型公司的"驯带人"

123

胸/罩/失/礼/速/读

"好奇胸罩"(Wonderbra)在英国做过一项调查。调查中发现，将胸罩带暴露出来是最糟糕的过失之一。实际上，在接受调查的女性当中，有三分之一的人认为，那会让你看上去很"掉价"，甚至连男人也认为那很让人扫兴！一半以上的女性认为，这是夏季里最糟糕的时尚罪行，要竭尽全力加以避免，此外还包括把肩带和上装绞在一起，不穿胸罩"真空上阵"，以及穿比基尼上装代替胸罩。

(Strap Tamer)，这种产品可夹住衣服，让下滑的肩带"走投无路"。这种小东西，从晚装到健身装均可使用。

你还可以使用那种肩带连接头，在后背处将两条肩带尽量往里拢在一起，形成那种赛跑背心式的款型，让肩带在视野里消失。时尚造型公司出品的肩带连接头和"肩带配"都是不错的选择。

记住，你可以选用一副有装饰性的肩带并将其展示出来（小露性感双肩），以此作为服装的装饰物。（唯一的例外是当外面穿着三角背心时。穿三角背心最好要裸露双肩，因此要穿无肩带胸罩或是可将肩带隐藏起来的绕颈胸罩。）玛格丽塔时装店精英珠宝系列所售的可调节肩带，可直接夹在你的胸罩上使用，上缀140粒圆形的施华洛世奇水晶，售价在40美元左右。或者，你还可以浏览 www.brastraps.com 网站，看看它们颇有意思的时尚单品——该网站可帮你找到可与任何时装搭配的时尚肩带（甚至是晚装和泳装），你甚至可以向这里的"肩带警察"告发你朋友的肩带违规行为！

失礼 No2：叠穿穿帮

问题：胸罩在低领线处或是袖口处暴露出来。

有的时候，是刻意为之——比如，所穿衬衫只将扣子系到一半，为的就是展示一下里面的胸罩。但是除非你是麦当娜，这种做法很容易让人觉得你"掉价"。这也是为什么胸罩被称作"内衣"的原因。

但是，如果你够大胆，且场合也刚巧合适，你可以让你的胸罩稍微暴露出那么一点。如果做得够品位的话，会很性感。但如果你尝试暴露

胸罩的场合不当，性感就会迅速变味儿。在办公场所、家教会面中或任何对旁人有影响的场合下就绝对不合时宜。

解决方案：如果你不想因为疏忽而将胸罩暴露人前，就在容易暴露出来的地方使用双面胶，将胸罩黏附在外衣下。如果你计划穿那种有几粒扣子是不系的T恤或是低领外装，就在里面再穿一件贴身小背心吧。如果你想让胸罩很有品位地暴露出来（比如说，在晚间活动当中），一定记得要穿那种漂亮的带蕾丝的款式。

失礼 No3：可透视胸罩

问题：从外衣可以透视到你胸罩的轮廓（以及／或者）颜色。

当然，有的时候——例如在晚间活动中，你是刻意为之，那会是你着装的一部分。但是在通常情况下，当旁人可以透过你的衬衫窥见你的胸罩，这可并不是什么国际流行的做派。在浅色外衣或是紧身外衣下穿着深色胸罩，就会导致这种透视效果，但最为常见的错误是，在白色外衣下穿着白色胸罩。逻辑上我们会认为，白色会与白色相配，但实际上并非如此。而且，尽管我们在本书中说明"肉色几乎可与任何颜色相配"，却也还存在即使

是肉色也被暴露出来的特例。比如说，一件紧身黑色套头衫，或是一件有网眼的外衣，就经常会暴露出肉色胸罩的轮廓。

解决方案：准备肉色胸罩和几款黑色胸罩（用于搭配上述的那种黑色紧身外衣）。说实话，贮备几款白色胸罩作为备用也是必须的。肉色胸罩几乎穿在你衣橱中任何服装下面都不会显眼，而白色胸罩则经常会被透视。当你对待一件紧身外衣，不论它是白色的、紫色的还是绿色的——对于大多数颜色的外衣来说，使用肉色胸罩都是上上之选。

失礼 No4：双乳合一

· ·

问题：双乳在胸前被压扁，制造出一大块或曰"双乳合一"的外观。

这是穿戴无独立罩杯的压缩式运动胸罩时一个常见的问题，但也会当你穿着胸部过紧的外装时发生这种情况。

解决方案：如果是运动胸罩的问题，就最好改穿封装式或是有独立罩杯的款式。

如果要归咎于过紧的外衣，很显然，那就最好是换件更合适的衣服！但如果不行的话，就试试那种在胸前锁扣的胸罩，这种款式可以将双乳向前推拢，或是加上衬垫将乳房托起。乳沟的出现会弱化视觉上"双乳合一"的感觉。

127

失礼 No5：双气泡傻瓜

问题：双乳以某种方式被切割成上下两半，在外衣下制造出"四乳"或"双气泡"的错觉。

通常是由于胸罩过紧，横勒在乳房上，将乳房的上半部分挤出了罩杯。

解决方案：重新量体吧，别让自己穿那么小号的罩杯！另一种可能有效的办法是，试一试更满罩杯的款式，这样罩杯可以装进更多的乳房肌肉，不至于把一部分挤到罩杯之上去！

失礼 No6：臃肿赘肉

问题：赘肉在胸罩周边或胸廓处堆积，无论是在衣衫内外都无处遁形。

没有人愿意穿起紧身T恤时后背的赘肉"一缕又一缕"的，或是乳房周边的赘肉如浪涛般涌到胳膊底下去。这不仅会让你的衣装线条毁于一旦，还会制造出你"过肥"的外观；不论出于何种原因，反正连你自己也不会舒服。

解决方案：胸罩过紧常常是原因所在，所以将胸罩带松开一个搭扣或可改善这种情况。对于身侧处的赘肉，可尝试使用那种在胸前搭扣的胸罩，这种款式可以帮助将双乳旁的赘肉向前推拉，将身侧赘肉减至最少。至于后背处的赘肉，如果胸罩带在松了一扣之后仍未得到改善，你或许就需要一款完全不同的服装

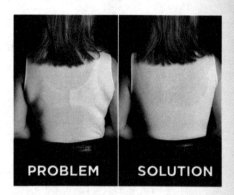

PROBLEM　　SOLUTION

左图：未使用 *Sassybax* 的效果图
右图：使用 *Sassybax* 后的效果图

了——试试那种可以将后背赘肉绷紧并抚平的款式。我喜欢阿曼达·肯尼迪的 Sassybax，这是那种可将身形轮廓抚平的胸罩或背心款式，无钢托（其支撑力来自于微纤维尼龙和氨纶的混合织物本身），是名人热衷的款式。时尚造型公司的宽紧调节带胸罩也是一种不错的选择。

129

失礼 No7:乳头激凸

问题:乳头在胸罩里和外衣下激凸出来。

这种过失,也被称作可视乳头症(VNS),因发生频繁而被列为研究课题。莱卡品牌就"乳头隆起时的感受"在英国对女性展开调查,90%的英国人对此说"不"。但对于那些乳头较大的女性来说会比较困难,需要借助额外手段来掩盖住乳头。

解决方案:一层薄片衬垫或是塑形罩杯通常可以解决紧身衣下发生的此类问题。当然,并非所有外衣都可容纳得下胸罩,即使将所有款式的胸罩都摆在那里。在这种情况下,最好的办法就是使用时尚造型公司的乳贴,

覆盖住乳头并黏附在乳头周边的皮肤上,使用之后再轻轻地剥除。在超紧或无衬垫胸罩乃至泳装下使用,效果也很棒。

还有其他的窍门吗?常备一件夹克或一条围巾,保证自己不会着凉(这才是引起乳头激凸的要害)。

失礼 No8：真空上阵

问题：你在抵制胸罩，谁都知道！

女性有数个世纪不穿戴胸罩的历史……在一些国家中，即使现在依然如此。但是理智（以及医学的进步）告诉我们，要做到让当今的女性一个也不掉队。让一些人游离队伍之外，既不是时尚，也不是医学界所推崇的。尽管这样，还是有一小部分人选择不穿胸罩。

有时候，"真空上阵"有其必要——为了配合特殊剪裁设计之需。但即使是你不需要胸罩来支撑双乳，至少将乳头隐藏起来是当今社会普遍认为的。

解决方案：对那些喜欢"真

空上阵"的女孩子来说（乌琵·戈德堡〈Whoopi Goldberg〉说，自己直到 51 岁时还是如此！），确实有既起到遮盖和支撑作用，又令乳房不受束缚的比较舒服的选择。你可以试一下时尚造型公司的硅黏剂胸罩，这是一副独立的罩杯，可以直接黏附在乳房上面，无肩带，无背带，也没有夹疼你的钢托。在 T 恤或任何服装下穿着都视同隐形。

·你还可以试试那种有内置胸罩的背心，有内支撑，这让你在通往穿戴胸罩的方向上迈出轻松的一步。

斯潘克斯（Spanx）的 Bra-llelujah！是一款全针织面料的

舒适型胸罩，采用完全无缝设计（与女裤是同样材质），是令"反胸罩女"们轻松走进胸罩世界的绝佳选择。

132

"因为我不穿胸罩，人们觉得我是在做时尚宣言，其实在内心世界，我就是一个假小子。"

——卡梅伦·迪亚斯（Cameron Diaz）

失礼 No9:
无肩带胸罩下坠

问题:晚间时光才刚刚开始,你的无肩带胸罩已经开始下坠。

大多数无肩带胸罩都会在胸围处有硅胶带以便黏附在身体上。但即使你的胸罩尺寸合适,汗液、油渍以及因洗涤次数增加而造成的面料松弛等,都会令硅胶带黏性降低,导致胸罩下坠。

解决方案:如果你不想将胸罩淘汰,可以试着将胸罩带弄得更紧一些,或者改穿更小一号的尺码(无肩带胸罩通常都是这种穿法)。会有一点儿不舒服,但至少不会掉下来。如果还是不行,那就把你常备的双面胶带亮出来吧,贴在胸围带子上以增加黏性。你还可以试试无背带无肩带胸罩,比如时尚造型公司的NuBra,这个款式有着自黏性罩杯。

> 胸/罩/知/识/速/读
>
> 想在裸肩晚装中添加一点儿性感吗?在你的胸罩里加上凝胶胸垫吧——就是被称作"肉片"的那种,以营造出更为丰满的自然视觉效果。

133

失礼 No10：过分暴露

问题：你的低胸外装只剩下一点点用于遮羞，别人看到的只是你的胸部，而不是脸。

乳沟会非常棒——如果暴露得刚刚好的话。的确会有"漂亮的乳沟"，但"漂亮"与"恶俗"的区别，也许只在于多暴露了一寸肌肤。如果每个人都注视你，也许是由于你的乳房暴露得过多了。（作者按：如果你喜欢被关注并参照帕梅拉·安德森行事的话，则完全可以将我的建议忽略不计。）

你要展示自己最棒的资本，但却不必将其完全展示出来。首先，伫立于镜前的时候，要听从自我直觉。如果它告诉你暴露得有点儿过了，通常就是如此。（直觉之后，会是我的丈夫，看他有无紧张不安地告诉我说："把这些宝贝收起来！"）

把这个作为一般经验法则谨记于心——"真空上阵"时，低领装及侧身处的乳房轮廓可以让你非常性感，但如若你有暴露出乳晕或是乳头的危险的话，就有些过分了。

解决方案：有些胸罩——如加衬胸罩或是拢胸胸罩，可以强调乳沟，所以如果你害怕外衣有暴露过多的危险，就应避免在里面穿戴这类胸罩。如果你的外

胸/罩/知/识/速/读

双面胶和你的口红、手机、口香糖一样，有权在你的包包里占有一席之地。你应该总在手边预备着，以防突发事件。不仅可以用在服装上，亦可直接贴在皮肤上，这使之成为快速解决问题的"利器"——从让胸罩安于原位，到截短过长的裤脚。选择哪种好呢？好莱坞时尚胶带——它可变身为有用的绳子；时尚造型公司的"裙子 & 内衣胶带"——它可变身为方便的"创可贴"。

衣有着陡直向下开挖的领线，你可以在里面再加穿一件超薄的肉色小背心——这样既可以防止走光，又不至破坏衣装的整体效果。

如果你担心外衣下滑走光太多，你仍可"搬出"双面胶来帮忙，只需一片，就可诠释出"恰到好处"与"过于暴露"之间的完全差异。

当你暴露了太深的乳沟，你的男友肯定会注意到的……但是他注意到的还有其他什么呢？继续看下去吧，看看关于你的胸罩和你的爱郎！

第 **8** 章
胸罩与爱郎

"过去数周里，我看到'好奇胸罩'（Wonderbra）的广告。难道在美国真的有这个问题吗？男人没有给予女性的胸部足够的关注？"

——杰伊·莱诺（Jay Leno）

从童年时代看见妈妈晾在浴室喷头绳子上的胸罩，到自己第一次解开一件胸罩；从中学里"窥见"女生的胸罩带，到第一次为女友或太太选购蕾丝内衣和胸罩，也在男人的生活中占据了很大的一部分！

毫无疑问，男人们对胸罩是着迷的（或许还有一点点害怕）——从他们记事起即是如此。也许全是因为那纷乱复杂的款式、型号，抑或是蕾丝、绸缎本身的华美精致。也许，仅仅因为那下面所隐藏的诱惑。或者，就因为那是男人们所没有的？当克雷默和弗兰克·科斯坦萨在其主演的热播电视剧《宋飞传》中创立了巧妙命名为"男士胸罩"的商品后，"男士内衣"已经成为时尚文化的一部分。2008 年伦敦路透社称，一款"男孩胸罩"成为日本网站男士内衣品类中的热门商品。

可以这样说，对于大多数男人来讲，和自己在一起的女人穿什么样的胸罩，要比市面上任何其他女性用品都更令其感兴趣。或者像一位友人披露的那样，女人的胸罩"躺在地板上"的时候最让他们喜欢！2003 年，胸罩零售商媚登峰公司所作的一项调查似乎更能说明这种

胸/罩/与/爱/郎/速/读

想要找到真正的男士内衣吗？专营运动胸罩的
Enell 公司，也提供一种为男士乳房设计的衣服。
这种可以由顾客定制的"男用支撑背心"专门为
胸部过度发育的男士设计，男士过度发育的胸
部被称为"男子女性型乳房"，在医学上则称此
为 "男子乳房增大症"。Mister Poll（www.
misterpoll.com）曾发起一项调查，在接受访问的
5000 名男士中，97%的人称自己会使用胸罩。

情况：男人们为女人选购内衣的眼光主要基于款式是否性感。当他们给自己的伴侣购买内衣时，54％的人称首选自己喜欢的样式，其次才考虑自己的伴侣喜欢什么样的款式。

这里就出现一个热点问题：男人喜欢什么呢？当他为你宽衣解带的时候，究竟想要看到什么呢？白色小蕾丝，还是红色辛辣款式？他会注意到你内衣的哪方面呢？（通常不会是你的胸罩和内裤是否配套。）英国内衣网站 BeCheek.com 称，有研究表明女人身穿红色内衣时最能打动男人。在诸如圣诞节、情人节这样的节日里，红色内衣的销售量总是一路飙升的实情，似乎很能说明问题。当然，红色是在一年当中各个时间段里都会热销的颜色。

颜色不同、材质各异，但有

一点，男士们似乎达成共识：他们肯定觉得你的胸罩应该物司其职！可以证明的是，一件合身的胸罩会让你在异性面前更具吸引力，因为你看上去更加挺拔，你的乳房也理所当然地傲然挺立！

那我们怎样能揣摩算出男人真正的喜好呢？在我们一味寻求性感服饰的时候，我们怎么能知道什么才能勾住男人的眼睛呢？好吧，不如直接问问男人！我们走访了来自社会各个阶层的几位男士。下面就是本书关于"什么样的胸罩是最棒的"的男人观点！

* 马克·韦斯（Marc Weiss），亦称"DJ主厨"、"摇滚主厨"

  知名DJ、电视明星

  纽约长岛

  www.djchef.com

"我一直觉得紧身胸衣非常性感，是那种非常经典的性感，类似于玛丽莲·梦露（Marilyn Monroe）那种的。我无法确切描述，但我一直喜欢那种永恒的优雅和性感。如果你想让胸罩在自己的男人面前更具媚惑，我得说，你至少得保证尺寸正确，大小合身。（好啊，所以我每隔一段时间都会看一次"不要穿什么〈What Not to Wear〉"。）"

*威尔·凯（Will Kaye），亦称"地域之火"

职业摔跤手、演员、作家

纽约长岛

www.entrancetohell.com

"我欣赏那种有质感的半杯胸罩，不会过分限制什么而只强调女性优雅的胸形。我喜欢看女人穿"超蔻"款式的胸罩，不管它有没有蝴蝶结、装饰钻、花啊朵啊……也不管它对于女性不同形状、不同大小的乳房是否会是明智之选。我个人对于女性穿不穿衣裤套装极不在意，我觉得那是女人的个人偏好，而不是男人的。大多数男人的注意力更多地集中在藏在胸罩里面的东西上。一个自信的女人，比如说我太太，当她身着小款蕾丝在我面前亮相的时候，我的确会眼前一亮……这让一切有了新的境界。更重要的是，没有什么能跟女人自我肌肤的安全性相提并论……诱人的服装只不过是额外令人兴奋的东西而已！说白了……这是女人的世界，男人们只不过有幸居于其中！"

142

*帕布鲁·所罗门(Pablo Solomon)

国际知名艺术家

得克萨斯州奥斯汀

www.pablosolomon.com

"我的妻子贝弗莉是个模特,她经常穿着和收集性感内衣。我最喜欢看她穿那种半杯型提升款式,还有有着繁复锦缎的法式套装。任何女性都可以通过正确的内衣给两性关系提升热度。仔细选择内衣,可以帮助你扬长避短。萧伯纳就曾说过,性,就是要'煽风点火'。我想补充的是,性,也是合乎情绪的内衣。"

胸/罩/与/爱/郎/速/读

这可以定性为"只有男人可以想到的"。一家叫做 Mrbra (www.mrbra.com)的网站,不仅煞费苦心地搜罗了几乎所有好莱坞女星的胸罩尺码,最近还披露了男人认为的不同胸罩尺码的真正含义。该网站举例说,A罩杯意为"差不多就算是乳房",而 D 罩杯则意为"讨厌"!

*肯·沃然纳(Ken Vrana)

1in8 摩托车运动及乳腺癌研究 1in8 基金会会长兼 CEO

北卡罗莱纳州雷利

www.1in8foundation.com

144

"想到自己拥有近期被称为'世界上增长最快的乳腺癌慈善基金',我愿意更多地把时间花在拯救女性的乳房上,而不是欣赏上面。作为一名已经拍摄了逾 3000 幅女性作品的职业摄影师,我喜欢女性根本就不穿胸罩。如果要穿的话,我喜欢那种可以制造出深邃乳沟的款式。我也喜欢运动款式的胸罩,我想这似乎有点儿矛盾。比起那些上面有很多蕾丝的硬得扎人的胸罩,我个人更喜欢柔软材质的胸罩,甚至是毛线的。"

胸/罩/与/爱/郎/速/读

男人们也许根本并不是最喜欢大胸脯的女孩。PARSHIP(www.parship.com)网站是一家欧洲在线缔缘服务商,根据其所做调查,31%的单身男子并不愿意跟胸罩尺寸大于 D 杯的女孩约会,然而,他们称最令人倒胃口的事,是那些通过外科手术增大的"咄咄逼人"的乳房,乳房的大小倒是无所谓。

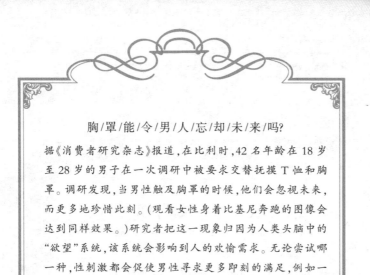

胸/罩/能/令/男/人/忘/却/未/来/吗?

据《消费者研究杂志》报道,在比利时,42 名年龄在 18 岁至 28 岁的男子在一次调研中被要求交替抚摸 T 恤和胸罩。调研发现,当男性触及胸罩的时候,他们会忽视未来,而更多地珍惜此刻。(观看女性身着比基尼奔跑的图像会达到同样效果。)研究者把这一现象归因为人类头脑中的"欲望"系统,该系统会影响到人的欢愉需求。无论尝试哪一种,性刺激都会促使男性寻求更多即刻的满足,例如一块糖,或是一罐苏打水,这些都可以帮助他们为未来做出更好的准备。

*德里克·海耶斯(Derrick Hayes),

作家、给予人灵感的演说人

佐治亚州哥伦布市

www.derrickhayes.com

"我喜欢看女性穿着合身的胸罩,这样不论是她自我感觉还是别人看上去都会比较舒服。合身是最重要的,其次才是款式。蕾丝胸罩会对视觉构成冲击。我还喜欢胸罩与内裤搭配的套装。"

更多来自男人的信息

....

⊙33%的男人会为自己的另一半选择黑色内衣，16%的人则选择红色。

⊙10个女性当中会有1人称，会去把内衣礼物换成其他别的东西。

⊙为了得到另一半的内衣尺码，15%的男人称他们会查看另一半的内衣，20%的人说会直接询问对方。只有4%的人称自己会求助导购人员，让他们帮自己"猜"。

给你的另一半的窍门

我们已经知道了男人们喜欢什么，现在是该让你的男人了解你喜欢什么的时候了。遗憾的是，研究表明，大部分男人通常都以搞错收尾！2008 年，欧洲搜索引擎网址 QYPE（www.qype.co.uk）对 10000 名女性就其伴侣在假期为其购买的内衣做出满意度调查。89％的女性称她们不喜欢他们为自己选的颜色，其中53％的人特别将红色定性为"廉价而俗气"。还有 31％的人称其伴侣为自己所选的胸罩竟然小了两个号！

但并非所有男人在卖场中都表现无能。2002 年，英国零售商马克思 & 斯潘塞（Marks & Spencer）所作的一项调查表明，英国男人似乎还算熟悉内衣部的业务。在接受调查的男性中，有一半人知道自己另一半的尺码，有 85％的人称，上一次给另一半购买内衣之后，她们很喜欢并已经穿用。

Beckeeky（www.beckeeky.com）网站应运而生，旨在帮助男士为自己的另一半选购内衣。网站称，在零售商和大型内衣卖场之间，存在市场"空白"。该网站提供"男士选购内衣指南"，就如何决定自己伴侣的尺码、如何选择既是她喜欢穿又是他喜欢看的款式等方面为男性顾客提供建议，甚至有关于怎样为伴侣购买胸罩这样一个特别的服务区！另一家英国网站 Brastop.com（www.brastop.com）提供同种服务。一家伦敦的百货店也推出了一项名为"采购小伙儿"的业务，专门迎合那些在内衣选购方面难以搞定的迷迷糊糊的男友和丈夫们。

胸/罩/与/爱/郎/速/读

与自己的健康状况相比，男人明显更关心胸罩——至少在英国如此。2003年网络运维平台的一项综合性调查发现，愿意知道自己伴侣胸罩尺寸的人，几乎两倍于愿意知道自己血压值的人！调查表明，在接受访问的男士中，有一半人知道自己伴侣的胸罩尺码，而却只有20%的人知道自己的血压数值。

148

虽然在本章我所采访到的男士中，大部分人称他们想要看到关于"解开胸罩的艺术"方面的指导，但是非常抱歉，男士们。这里我们可以提供给男士们的最有用的信息，只能是你为自己的伴侣选购内衣的窍门！毕竟，这是男人在两性关系中可做的最为浪漫的事情之一。难道不应该认真对待吗？

你的男人不是你的"蛔虫"。

有时候，你必须直接告诉他你想要什么！请相信，他对待这样的"指导"会如获至宝！所以，请剪下下页中的"窍门"，并好好填妥"选购胸罩参考条目"与他分享——最好是在下一个盛大节日到来之前！

你和你的男人会有未来吗？这个问题只有你和他才知道。但你和你的胸罩却注定会一起走下去！那么胸罩的未来都承载了些什么呢？继续读下去吧！

男士选购胸罩须知

· ·

Tip1:不要害怕接近售货员。对于很多男士来说，内衣店是一处令男人恐惧的所在。在一排排货架间巡视，那一排一排不同型号和尺码的真丝、绸缎、蕾丝货品的布局，俨然比微积分课还要复杂，哪里只是"令人畏惧"可以形容的，根本就是会被"彻底吓蒙"的。但是请相信，这就是在这里配备店员的原因，每天都她们会目睹几十个像你一样的男人穿梭其间。我大学时代在"维多利亚的秘密"打工时，我们所接受的特训之一，就是指点不知所措的男性消费者，让其感觉放松，并帮助他们

为对其有着特殊意义的那个人挑选到合适的商品。

Tip2：不要试图猜中她的尺寸！告诉售货员："她有点儿……嗯，基本上就是你这样的。""好像"不能帮你解决问题。实际上，你应该"偷袭"一次她的内衣抽屉，看看那上面的商标，并记下上面的尺寸——或者，如果你仍然不是很清楚的话，干脆放几件带在你包里去买新的！这样，售货员对何种尺码、何种款式最适合你的伴侣才能更有胜算。

Tip3:是给她买,而不是给你自己买!虽然大多数女性会喜欢另一半帮自己选的样式,我们也还是愿意穿上能让我们显得更加漂亮的胸罩和内衣。现在不是强迫她穿她之前一直抗拒的乳头部分被挖空的款式的时候。亦很明显,当男士是在以自己的喜好来为她选购的时候——这份亲密礼物的特殊性就已经消失殆尽。想着"浪漫"要比想着"辛辣"更稳妥。你是想要打动她,而不是要冒犯她。如果犹豫不定,那么一套胸罩内裤套装就很少会失误——Uplifted(www.upliftedlingerie.co.uk)网站做过调查,60%的女性会喜欢内衣套装礼品!

Tip4:不要单刀赴会。如果你和她的好友或姐妹够亲近,你可以

向她们征求建议。把她们的意见罗列下来,去往商店时随身携带……或者,能带上她们一同前往就更好了,让她们帮你拿主意选出像样的东西来。

Tip5:切记要保留购物小票,以防商品需要调换。给别人买东西是件难事,更何况是买衣服。这样,如果不合适,或者是她并不太喜欢这种款式的感觉,她可以去退换。你大可不必觉得这是对你男子气概的羞辱,有时候,她更知道自己最喜欢什么,仅此而已!

Tip6:如果你实在不确定,为什么不可以让她自己选择自己想要的,然后由你来为她买单呢?当然,这只是在你万不得已的情况下。如果你自己可以包办的话,她会为你而骄傲!

选购胸罩参考条目

我的胸罩尺码：_____

我的三围：

胸围：_____

腰围：_____

臀围：_____

• • • • • • • • • • • • • • （选择其一）• • • • • • • • • • • • • •

我喜欢：

○　　全罩杯

○　　半罩杯

我想让胸罩使

○　　胸部显小

○　　胸部显大

○　　提供有力的支撑

• • • • • • • • • • • • • • （圈画其一）• • • • • • • • • • • • • •

我喜欢加衬 • • • • • 我不喜欢加衬

我喜欢有装饰物的 • • • • •我喜欢朴素的

我喜欢配套内裤 • • • • • 我不介意是否成套

我喜欢的款式是：_____

无背无带胸罩　　无肩带胸罩　　阳台胸罩　　　胸挡　　　前平型罩杯

紧身胸衣　　多种穿法胸罩　　半杯胸罩　　前胸锁扣胸罩　　全杯胸罩

收缩感胸罩　　加衬垫胸罩　　低胸胸罩　　宽后背胸罩　　运动型胸罩

T恤式胸罩

其他：_____

我喜欢的胸罩颜色是：_____

其他：_____

我喜欢的材质是：_____

棉　　　莱卡　　锦缎　　丝绸　　其他

我感觉穿_____ 最性感

甚至还可以为我购买：_____

第 9 章

胸罩之外：

胸罩的未来

胸罩自 20 世纪问世以来,经历了漫长的发展过程。莱卡等新材质的应用、拢胸技术的发展,以及罩杯尺寸的分类,使胸罩从改制后的胸衣,成为今时今日我们的性感支撑装备。

那么,未来的 100 年内它会有何动向呢?像其他工业一样,我们知道,新技术也正不断地应用到胸罩制作工艺当中。高科技面料、新支撑原理,以及制造技艺的改进,使胸罩日新月异。如今,各处的女性都在普及胸罩知识,零售商们通过不断提高服务质量和配备训练有素的营销人员而更上水平——所有这些,都令胸罩得到了最大限度的上佳表现。本章将探讨你想要知道的那些最新动态——让我们先从设计方面开始。

设计与制造

· ·

你是否曾经好奇过胸罩是怎么诞生的？设计一款胸罩，涉及到很多复杂的原理。要知道，一片只有 1.6 盎司那么轻的布料，却要承载不同形状、不同大小、不同重量的乳房。更不要说，每件新款投入市场时，都要比其前身有更多的革新意味。胸罩制造者一直在努力做得更好：支撑力更强、舒适感更强、使用更加耐久……当然，对消费者还要具有更强的吸引力。胸罩制造者要不断地跟进日新月异的时尚潮流。如何做到？大多数情况下，都是通过设计上的革新。

过程

通常，设计革新总是源于某种市场需要。例如，人们外衣的款式越来越复杂，胸罩制造者必须绞尽脑汁，用尽量少的"零部件"设计出使用方式更加多样化的胸罩。近来大热的低胸装，催生了一个全新的品类："深挖"领口多用途胸罩。

每种新款设计都起源于一个概念——比如说，领口超深挖胸罩——先是由设计师构思出来，并画出草图。概念一经认可，技术设计方案随即被勾勒出来，同

时进行花形图案设计。根据具体的设计需要,采用机制、手工或者人机联合,试制出产品雏形或曰"试制板型"。试制板型的出品方式,各公司迥异。一对罩杯经常使用泡沫经过热压成型。其他部件,比如说背带和肩带,则需要缝制。试制板型通常需要反复多次的真人试穿来确保细节无误,同时保证每个部件不仅时尚,还要实用。

试制板型一经确定下来,就要启用真人板型模特了。模特试穿板型款式,具体指出试穿后的感受,比如哪里很舒服,哪里还不尽如人意。设计随需要反复做出调整。

之后,设计师、制造商和营销团队形成合力,认定该产品是尽可能地满足了大多数女性需求的可面市产品。所有人都寄希望于新产品可以"重磅出击",当然,还要赚得钵满盆满才好。

最初的"水胸罩"就曾经被认定是下一件"大手笔"的胸罩。时尚造型公司 CEO 安·迪尔于1997 年推出这款产品,随即成为唯一一款乳房植入物高仿真胸罩,给予那些渴望中的女性提供了手术之外的别样选择。同样的例子还有"好奇胸罩",它于 20世纪 90 年代甫一面市,旋即掀起一股热潮。

时尚造型公司胸罩设计师塔拉·卡沃西在 2000 年即完成最具革新意义的胸罩设计之一的无背带无肩带胸罩。目前,在她的第四件设计中,她不断改进胸罩制作工艺,并始终面向市场需求。无背带无肩带胸罩面市后热卖,但她却发现，女性更喜欢那种穿起来（或是看起来）如若无物的款式。于是她开始着手制作一款近乎"隐形"的胸罩——这种无背带无肩带的新款叫做"Bare Uplift"。这款胸罩使用了新型硅酮材料，类似曾经用于生产那种"肉片"的材质，此前从未用在胸罩生产中。它手感逼真，直接黏附在胸部，无需背带、肩带即可将乳房托起。

158

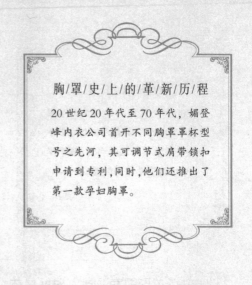

胸/罩/史/上/的/革/新/历/程

20世纪20年代至70年代，媚登峰内衣公司首开不同胸罩罩杯型号之先河，其可调节式肩带锁扣申请到专利，同时，他们还推出了第一款孕妇胸罩。

未来

那么，未来的胸罩设计还会涵盖哪些？卡沃西说，目前女性真正需要的，是那种可以"完全定制"的胸罩。"每个人足不出户便可买到定制的胸罩。我们需要那种客户在家中即可完成定制的胸罩。这噼啪一声，那儿拉紧一下，胸罩款式可以以某种方式进行调整，几乎就是在为你定做。"卡沃西为时尚造型公司设计的行将面市的"配方胸罩"（Formula Bra）即属于这种类型。

在以后的几年中，我们还能期待些什么呢？2008年一份网络撰文指出，胸罩制造商进来开始更多地关注结构革新，以期结束销售颓势。撰文以媚登峰公司具有突破性的无背胸罩为例，这款胸罩有可与硅酮配套使用的肩带，以及与臂袜拴在一起防止胸罩滑落的套圈。多用途、多穿法的胸罩是另一种有力的范例。在这类款式中，肩带是可以拆卸下来的，并可以有多种使用方法，如：绕颈式、无肩带式、后背交叉式、单肩不对称式。你还可以简

板型模特

　　标准的胸罩板型模特的尺码是 34B。在制作其他尺寸的胸罩时，"都是以此为基准，同比例放大或缩小"。玛勒·格林（Marla Greene）介绍说，她曾是纽约总部的胸罩采购商。"做大号或是满杯型胸罩时，实际上是用 36C 或是 38C 的模特。满杯型胸罩不能以 34B 同比例增加，因为这是完全不同的板型、结构和罩杯容量，两者完全不同。"因为板型模特都使用真人，可以说，如果这个模特的尺寸稍稍"不足"的话（例如，这个模特并不是刚刚好的 B 罩杯），那么这一品牌的型号就会不足码。许多专家分析说，这就是各品牌间型号各异，即使同一品牌内，各型号也会有所差别的原因。

胸/罩/史/上/的/革/新/历/程

在过去的六十多年里,著名的内衣零售商好莱坞影星御用衣包揽了数项有重要意义的胸罩革新。下面摘录几项以飨读者:

★1948年,该公司首度推出世界首款拢胸胸罩,在胸罩产业中,它势必成为一颗冉冉升起的新星。

★20世纪60年代,该公司推出了前胸锁扣胸罩、肩带衬垫胸罩、加衬束腰以及束身衣。

★1982年,还是归功于好莱坞影星御用衣,让胸罩得到了一个新伙伴:皮带。

单地做无吊带式穿用,以之替代多款不同用途的胸罩,满足你衣柜当中各类衣物的配套需求。最新的一种新款,在罩杯上部边缘处锁满了扣眼,使用肩带即可以穿出上百种不同款式。

近期还有哪些呼之欲出的设计和制造革新呢?

◎胸罩曾因采用多条布料拼接的做法,穿着起来会有"磨人"的接缝,也易在外衣之下被透视。如今,"一次成型"的罩杯使用完整的一片布料,采取"无缝"制造,相当舒适,即使不穿用时也可很好地保持其造型。

◉ 新型激光剪裁技术将传统缝纫取替。激光剪裁可减少面料磨损，使胸罩完全按照身体尺寸剪裁，基本上没有了明线。（同样的技术也应用于内衣生产中作杜绝可视裤线之用。）

◉ 许多制造商已经不再使用标签，以求减少不舒适感。取而代之的是，将尺码和保养须知印在胸罩后背带上面。

◉ 新款式设计更致力于隐藏个体缺陷。例如，斯潘克斯公司的Bra-llelujah!和Sassybax胸罩，都采用了特殊的原理设计来隐藏穿着者后背的赘肉。

◉ 制造者已经试着使用外观更自然地材质取代厚大、笨重的衬垫。一些胸罩采用一次成型的泡沫来逐渐加衬，将厚些的衬垫置于罩杯底部，越往上越薄，令外观坚挺有型但绝不厚重。对于乳房较小的女性来说，Wacoal 公司的"顶级甄选"胸罩则选择在罩杯下部加衬，而非上部，以此弥补因罩杯填充不足造成的缝隙。

　　胸罩业还融合进其他的方式来弥补设计上尚无能为力之处。我们已经在本书第七章中讨论过胸罩的附件，这是另一种胸罩业用以迎合市场需求的途径。任何一款胸罩都不可能满足我们所有的需要，但是只消使用上一个小部件，我们便可以近乎完美。

面料与材质

尽管设计很重要，面料与材质方面的革新同样举足轻重。第一款胸罩以棉为基本材质，然后是尼龙和锦缎。如今，面料的选择更加多样化，具有从增强耐用性到优越的拉伸性等不同特点。甚至还有环保型的新型面料！

我们为什么喜爱莱卡？

1959 年，莱卡，这种具有弹力的人造弹性纤维凭借其卓越的弹性强力问世，自此成为人类发明的用途最广泛的面料。莱卡的出现不仅提升了面料的舒适性和柔韧度，还更加耐用——根据英国一项关于莱卡的调查显示，这正是消费者所期待的。调查表明，32％的胸罩消费者都想求购一款"坚不可摧"的胸罩，可以机洗，没有脱色，不受磨损。莱卡的

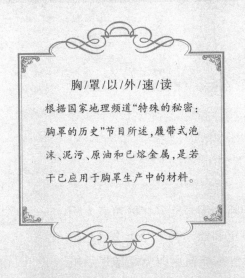

制造商英威达(Invista),推出了
莱卡黑——种运用了纺前染色
技术以防退色的弹性纤维。此外
还改善了深色莱卡被拉伸时不均
匀发亮的现象。

遗憾的是,尽管莱卡胸罩比
其前代产品更禁受得住穿用和拉
伸,并可始终保持原形(莱卡可
拉伸至其原始长度的 4 至 7 倍,
松开后仍可恢复原形。)但是如
果重复洗涤和穿用,则还是无法
经受住时间的考验。它们还是不
能做到"坚不可摧"!

莱卡还为新近发明出来的

哺乳胸罩贡献了自己的力量。如
今,弹力棉或莱卡混合织物频繁
地使用在哺乳胸罩的罩杯部位,
以适应哺乳期女性乳房不断涨乳
又不断排空的复杂状况。

更加令人愉悦的衬垫

胸罩衬垫向来使用布料,直
到胸罩生产商意识到,凝胶和气
垫可以提供更加舒适的感觉,也
更能呈现自然的丰满外观。但最
新的衬垫革新在于泡沫的使用,
从而可以在没有增加胸罩(或是
穿戴者)负重的情况下达到同样
的效果。

泡沫还在其他方面促进了胸
罩业的发展。如今,许多胸罩的
罩杯都内衬薄型可拉伸泡沫,这
是一种不会引起过敏的材质,而
非面料。泡沫既可使胸罩的塑形
罩杯一直保持形状,又可在外衣
之下制造出柔和的外观效果,比
面料填充的款型更为轻薄,不必
为防止乳头激凸而再额外加入填
充物。

163

你的胸罩可以拯救星球吗?

2008 年,日本胜利国际公司发明了世界首款太阳能胸罩。这款太阳能胸罩的特点是有个可以围绕在腹部的太阳能表盘,其所产生的能量足以驱动像是手机或 iPod 等小型电气装置。

这并不是该公司首次介入"环保"胸罩的生产。2006 年,该公司曾经创意出一款胸罩、购物袋两用产品!这款名为"不!购物袋胸罩"(NO! reji–bukuro bra)旨在推动减少塑料袋的消费。胸罩摘除下来后,可以转换成一只购物袋——罩杯内多出的布料衬垫可以打开来成为一只包包,并与胸罩上的钢托相连。这款胸罩竟然是以用回收塑料瓶子后制成的涤纶面料为材质的。

还是这家公司,在此之前还研制出其他三款环保胸罩:1997 年的可回收"宠物"胸罩,2004 年的"生态全球"胸罩,以及 2005 年的"和暖商业"胸罩。

当水银柱上升

在事关莱卡面料的调查中，有五分之一的女性表示，她们想让自己的胸罩依外界温度的变化根据人体所需加热或是冷却。尽管市面上尚无此类产品，但传统上应用于运动装的吸水面料因其可使穿着者保持干爽的特点，如今已经在日用胸罩市场上引起人们的关注。那些所谓的"聪明面料"，诸如 Coolmax 纤维针织面料、double dry、Playdry 和 02Cool 等（几乎每家公司都会有自己的专利吸水面料），都可让胸罩根据人体温度情况发生作用。大多数情况下，是吸收皮肤渗出的汗水，将湿气排出到面料外后干燥或蒸发。微纤维面料——通常由尼龙或是涤纶混合物制成，因该纤维良好的透气性，可将汗液迅速吸收或排放，从而达到同样的"冷却效果"。

市面上还有一些高科技面料，通过增加额外一层防晒层来帮助我们阻挡紫外线的侵袭。许多生产泳装和运动装的公司都出品这类有防护特点的服装物品，此类型的胸罩则指日可待。服装公司"地域之极"（Land's End）更出品有紫外线防护系列产品，其活动装、休闲装和泳装的紫外线防护指数均达到 30。

环保胸罩

有一些胸罩在帮助我们保持干爽，还有另一些在帮助地球保持干爽。如今，在胸罩面料方面的许多研发也将世界总的态势考虑在内——总的趋势就是更加环保。环保面料多采自高度可再生能源，例如地球上可快速生长的木本植物——竹子，其凭借优越的环保性而被应用于胸罩生产。对此，许多胸罩品牌一拥而上，不仅因为这种可再生的木本拥有自然抗菌性能，而且质地透气。同样的，还有大豆纤维。除了环保优越性，竹纤维和大豆纤维还如同山羊绒一般柔软，比起棉的

聪明胸罩

如果你的胸罩会说话,它会告诉你什么？虽然胸罩帮我们托起娇嫩的乳房,但却不能探测到乳房组织内部的异常之处。但是有那么一天,它会的。英国博尔顿大学的研究者称,他们正在研制一款被命名为"聪明胸罩"的产品。据说这种"有头脑"的内衣可以通过一根织进胸罩布料中的"微波探测天线",探测到乳房组织异常的温度变化,这种异常的温度变化暗示了该区域血流量的增加,常常与癌细胞与肿物的形成有关。当胸罩探测到了预示危险的温度变化,就会发出可听或可视的警示信号。

当然,"聪明胸罩"不能取代你每年的胸部透视,科学家称,它只是帮助在疾病早期捕捉蛛丝马迹。然而,那些研发了该款胸罩的人们首先需要面对批评之声,许多人认为该装置不够敏感或不够"权威",还会无端引发女性焦虑。到 2009 年初时,该款胸罩仍处在雏形阶段,但是,这样的内衣产品在不久的将来定会问世。

吸收力更强了 50%。

还有其他的"绿色"胸罩吗？

◉斯特拉·麦卡特尼公司生产的内衣系列采用原生棉和自然丝为材质。

◉法国品牌 g=9.8 在其胸罩产品中采用由人工栽植的松树制成的纤维，为增加弹性还混合进一些氨纶。

◉以中西部为基地的品牌"都市狐狸"出品的女用背心，采用本地自行印花和染色的竹纤维和原生棉混合纤维制成。

其他材料方面的革新

革新也体现在胸罩其他部件的材料使用方面，尤其是在钢托上。大部分胸罩中的金属钢托（由大厚度钢圈或是钣金制成）被包裹进凝胶或塑料中。尽管这样已经帮穿着者加了保护层，但是仍然不免断裂或因从织物中跳脱出来而引起疼痛。所以，胸罩制造者正积极寻找替代物。

因模制塑料的柔软性，目前很多胸罩已用它完全替代掉金属。2000 年，总部设在伦敦的产品设计和研究公司 Seymour-Powell 用汽车机械搜集胸形和构造数据，研发出模制塑料部件，用以替代传统的钢圈。该公司认定，一种叫做"哎哟地带"的钢托质量低劣，经常会深陷进穿着者肌肤，并研发出"塑料翅膀"以解决这一问题。这种设计以小鸡的两根肋骨为模型，以此代替传统钢托胸罩中的 24 个零散部件。作为一款生态胸罩，尽管该设计一经内衣零售商恰尔诺（Charnos）投放市场便引起轰动，但却由于售价昂贵而最终在消费者中反应平平。

然而，这一概念致力于使用塑料替代金属杆，取代坚硬的、会跳出来扎人和引起疼痛的金属件。如今的塑料和钢线缠绕的塑料圈托很有柔韧性，被埋入泡沫中可安于原位，以某种方式隐藏进模制件中，减少了线圈跳脱出来的危险。这种新技术被称为

167

"隐形钢托"。隐形钢托让胸罩将圆润的造型与穿戴的舒适性集于一身。Bliss 的"华纳元素"钢托胸罩就是以其产品中的柔性钢托为特点，该产品中的钢托采用三层织物包裹，以期增加舒适度。

肩带也成为近来的改革亮点。日前一些胸罩在肩带部位结合使用了硅酮等材料，通过黏附在穿着者的皮肤上以防止肩带下滑。另一项革新则是：新型凝胶肩带胸罩，通过在肩带注入硅酮凝胶来为肩部均匀减压，防止肩带勒痛。

我们已经看到将会发生什么了。现在让我们来谈谈，看未来的胸罩可以帮我们解决哪些乳房方面的问题吧！

第 10 章

高山 VS.鼠丘

我上初中的时候，一个男孩儿把水泼到我的衬衣上，然后大喊道："这回它们就能长出来了。
——帕米拉·安德森

　　正视吧，每个人都有一堆需要面对的问题。对于许多女性而言，最大的问题在于胸部——毫不夸张。也许这个问题正在于"不够大"。不管你的乳房让你觉得太大还是太小，这都是一个你不得不每天面对的问题——尤其是戴胸罩的时候！幸运的是，我们有了解决的方法。

高 山

　　如果说，我们的文化更看重大胸，你一准会觉得，那还不容易，是不是？并不容易啊！大胸女性首先要面对的挑战，就是要找到足够大的胸罩。大多数零售商的货号只备到 DD 码，如果你的号码比较奇怪——比如说胸罩带尺寸小于 34 但罩杯却很大——就很难在商店里找到你的型号。通常，网上购物站点会销售比百货店和连锁店更大的尺寸。但网上订购肯定是冒险而又昂贵的命题，因为你在购买之前根本没法试穿。

　　BareNecessities 网站（www.barenecessities.com）经营的尺码很全，也有专为巨乳妹提供的特型胸罩系列。脏娃娃内衣公司经营日用系列以及最大号至 44DDD 的特规胸罩，附带有一份详细的规格说明，帮你挑选到合适的尺寸。

　　即使是大胸女性也可在百货店找到自己尺码的胸罩，但她必须要接受审美挑战，直面那些丑陋的样式。Bra Smart（一种可让胸罩风干晾晒并保持其形状的胸罩撑）的发明者丽莎·瓜里尼（Lisa Guarini）也是一位大胸女性，她终身都在致力于寻找漂亮胸罩。她说："作为一个大胸女人，一直以来，找到既合身又时髦的胸罩都特别困难。"尽管身为内衣连锁店"维多利亚的秘

支/持/高/山/运/动/胸/罩

日用款式是个问题，而胸大的女性选择运动胸罩也绝非易事。对一些大胸女性来说，任何形式的锻炼都会问题重重。很多人觉得要一次穿两件运动胸罩，方可得到有效的支撑。胸罩业目前尚在不断努力，以期为大胸运动员提供更棒的运动胸罩(最近一次造访耐克专营门店的时候——这里，即便是超大码的运动胸罩我都穿不进去——我听说，就连运动服装业先驱都无法满足大胸女性的需求)，但是市面上有一些款式你还是可以试一试的。埃内尔(Enell)的运动胸罩是专为大胸女性设计的(亦可用于孕期、哺乳期或隆胸术后恢复期)，分 10 个号，将压缩式和封装式两种运动款式融合一体，以尽量为那些需要更多支持的女性做到更好。详情可登陆网站 www.enell.com。

174

密"的胸罩专家，她仍然觉得此类胸罩乏善可陈。"为什么给大胸女性准备的胸罩看上去都像是老太太们穿的呢？"她这样诘问道。

虽然你经常可以网购到样式还不错的大尺码胸罩，但是，要想像在传统实体店中那样买前先试穿则是另一码事了。弗朗西斯·克雷斯波(Franes Crespo)成立了自己的"全罩杯"弗吉尼亚胸罩试穿沙龙，以此作为对自己以及所有像自己一样经年累月寻找漂亮胸罩的大胸女性的回应。她的店专营胸罩带尺寸在 28 至 48 之间、罩杯号从 C 到 K 的女

你的胸很大，自己却不知情吗？

· ·

　　尽管大多数人笼统地知道自己的乳房是大、是小，抑或适中，许多女性还是对尺码体系感到迷惑——尤其是罩杯尺寸，想象不出这些尺码看上去到底会有多大。这是你应该知道的：说到胸罩尺寸，在一个号系中你常常会"更小"，但在另一个号系中你则会比自己想象的"要大"。让我解释一下。

　　最近，我召集 Uplifting Makeover 的女士们在我家举办了一次"胸罩派对"。我们给十五个左右相同年龄、乳房形状相同、尺寸相同的女性进行量身后发现，每个人都穿着错误尺码的胸罩。另一个不约而同发生在每个人身上的事是什么呢？所有人（包括我自己在内），所穿的胸罩背带都过长了——但是罩杯号却过小了。一位女士穿 38C 穿了好多年，而她真正的号码是多少呢？竟然是30E！

　　"彻底大变身"（Uplifting Makeover）的创始人乔·安·帕赛尔（Jo Ann Pasell）和苏珊娜·金德伦（Suzanne Gendron）说，这种事情她们已经司空见惯。"大家都盲目地认为 DD 以上的尺码就应该是帕米拉·安德森那样的。其实不然！这完全跟你的胸罩带长短有关！"虽然有说法称，如今女性的乳房普遍都比以前的女性大了，胸罩专家还是认为，对于增大了的罩杯尺寸的确切解释应该是，女性刚刚开始穿戴起正确的尺寸！

性内衣。

"我一直想要买一件舒适、合身的胸罩。"克雷斯波说,"除此之外,不合身的胸罩令我的衣服样式全都严重走型,连我自己都感觉怪怪的。这真让人泄气。就因为我是 DD 号——这么多年里,我总是听那些人这么说,而她们根本无法与我"全罩杯"沙龙中那些训练有素的员工相比——为什么我不能穿得像其他小号罩杯的女孩那样性感,也没办法随便在哪家店里选购到我要的东西呢?难道对大号胸罩的款式有一点儿要求很过分吗?难道大号胸罩看上去就一定得那么……急功近利吗?我无法理解为什么像我这样胸部丰满的女性选件不错的胸罩会是如此困难!"

凭借其在胸罩业的家族背景(克雷斯波的姨妈是从业近五十年的胸罩样品制造商)、其纺织专业的技术,以及之前的从商经历,克雷斯波决定干点儿什么,并于 2003 年开了自己的第一家

店(如今她在弗吉尼亚已经拥有两处店面)。

大胸女性还要面对更多困难挑战。许多人选择通过外科手术来缩小胸部,因为过重的胸部已经导致了身体上的疼痛。这些人无法忍受一辈子都后背痛、肩颈负重,以及因此导致的生活质量下降——要知道,她们甚至无法像旁人那样正常锻炼。大胸女性还必须应付皮肤磨损、出汗、皮疹,甚至是乳房下方皮肤皱褶处的真菌感染,这些,我们已经在本书第六章中述及。很多人每天在穿戴胸罩之前,都要在该部位擦涂除臭剂或爽身粉。

除了这些来自身体方面的挑战,只要说到"试穿",大胸的女人就已经相当尴尬。很难找到合适的服装——胸部合适了,腰部就会过于宽松;又或者是,腰身很合适了,胸部的地方却显得紧巴巴的。尝试低胸剪裁的 T 恤亦有冒险。"除非你想要把所有东西都暴露于人前,你的任务就是

大号特殊尺码

大罩杯的号码分类会令人费解。一部分零售商那里的 DD 罩杯在另外一些人那里是 E 罩杯。下面的表格可帮你解释 DD 号以上的型号尺寸——但我们在本书第四章中已经提到过,型号各异,因此此表仅作一般性参考。

胸罩下围与实际胸围 尺寸的差异	美制胸罩 罩杯型号
5"	DD/E
6"	DDD/F
7"	G
7.5"	GG
8"	G, H
9"	H, I
10"	H, I, J
11"	HH
11.5"–13"	I
13"–15.5"	J
15.5"–17"	K, JJ

要'包裹'住你的巨乳。"塔拉·卡沃西说，这位时尚造型公司的胸罩设计师胸部一直都很丰满。"尤其是在孕期，大胸女性的乳房会更加硕大。这就是收缩式胸罩的源起。"

市面上还有专门为胸部丰满的女性特制的收缩式胸罩，不仅可以令你看上去更加挺拔，还可以提供额外的支撑力。或者，如果你不想专门去选择收缩式胸罩，你可以试试能够给你提供所需支撑的常规款型。卡沃西推荐有下列元素的款式：

⊙ 全杯型
⊙ 宽肩带
⊙ 有钢托
⊙ 后背带子的面料也有弹性
⊙ 衬垫或内衬较薄

反之，卡沃西说，大胸的女性应避免穿戴以下款型：

⊙ 低胸胸罩或半杯胸罩，这些款型会强调乳沟

"我想过要做第一个焚烧掉自己胸罩的女性，不过那样的话，消防局恐怕要花上四天才能将大火扑灭。"

——多莉·帕顿（Dolly Parton）

⊙ 肩带非常细
⊙ 紧身、超薄的微纤维面料

错误的胸罩款式会让原本上身就已经很重的女性显得更重。Shapeez 公司"难以置信胸罩"（Unbelievabra）的创意人斯塔奇·伯纳（Staci Berner）解释说："我的尺寸是 36C，虽然说不上非常

大，但是胸部也在我的上半身占据了相当分量。我发现，原先我的胸罩会令我看上去更加笨重，都是因为有松紧性的胸罩带子挤出了我背部的赘肉，让胸罩显得有些超负荷，我自己非常明了这一点。我想找那种没有背带的胸罩，可是没有一款可以提供足够的支撑力，也没有我想要的款型。"于是伯纳决定自力更生，因而才有"难以置信胸罩"的问世。"我是一个典型的生养过两个孩子的女性，不穿胸罩对我而言并不合适。唯一的办法是，自己动手创造自己梦想中的胸罩。我们很确切地将其命名为"难以置信胸罩"，开始在网络上和零售店铺里以 Shapeez 公司的名义进行销售。所以现在，女性没有必要以牺牲胸部的支撑力和体型为代价来获取舒适感、无缝感，当然还有前胸后背处的流畅外形。"

尽管大胸女性比较难找到合身的胸罩，但是，一旦找到了，感觉自信才是关键。"胸罩不仅仅是衣饰的基础，"瓜里尼说，"一

Shapeez 公司出品的
"难以置信胸罩"

件胸罩反映出的是一位女性的方方面面，亦能成就她成为任何人——有趣而娇俏，性感而风骚，强悍而坚韧。当你身着一件超棒的胸罩，它会给你完美的支撑，让你看上去漂亮并给你自信。小胸女性缺乏自信，我们大胸的女性又何尝不是如此！"

说到胸小的女士们，她们同样要面对一系列的问题和挑战。

鼠 丘

询问任何一位胸部丰满的女性，她都会告诉你说，胸小绝对有其便利之处。她们可以穿几乎所有款式的上装。她们没有无法健身的问题，也不必担心因胸部过沉引发的后背和颈肩疼痛。但是，在我们以胸大为美的文化驱使下，许多胸小的女性都通过手术刀来获得大胸女性与生俱来的东西。那些没有选择手术的人，则依靠胸罩来完成自然母亲未能赋予她们的东西——或者至少要款型合身。遗憾的是，小胸的女性似乎并没有比大胸女性获得更多的幸运！

前电视节目制作人埃米莉·劳（Emily Lau）在经历过数年的内衣店沮丧之旅后，创办了"小胸罩公司"。劳感觉，大凡适合她娇小身材的胸罩款式看上去都像是训练胸罩，而性感些的款式却从来就没有合身过。"这么多年来，我非常可笑地穿着从来就没合身过的胸罩，这种状况，一直持续到几年前我开始和几位专家协力为我这类娇小身材的女性设计贴身款式的胸罩，并让一些朋友试穿。"

所有将自身优点发挥到极致的渴望，驱使她研制出了"完美小胸罩"。这款胸罩有着特殊设计的"波浪形罩杯",在视觉上为小胸女性营造出比其真实尺寸更为丰满的感觉。"我发现小胸女性经常放任自己只穿背心式胸罩或者干脆什么都不穿,"劳说,"我去给我的客户进行私人试穿,看到她们的反应,简直太令人兴奋了。我得到她们的拥抱和击掌庆祝——她们原本以为自己绝对不会有乳沟的。她们告诉我说,她们从来也没有一款像我给她们的胸罩那样合身的,她们喜欢这款式,因为这款式让她们感觉自己漂亮了!"劳的胸罩里,有小到从 28 号起的,更无一款的罩杯号大于 B 杯。几乎所有的款式都极具装饰性而且非常时髦——她说,有的款式在其他零售店的小号产品中都并不多见。你可以在下列网址中找到劳的胸罩:www.herroom.com、www.brasmyth.com,www.braenecessities.com,以及 www.thelittlebracompany.com。

提/高/鼠/丘/
想/在/视/觉/上/营/造/出/深/邃/的/乳/沟/吗?

除了穿戴胸罩把双乳拢在一处,或是在胸罩里使用硅酮衬垫进一步把乳房推高,此外,你还可以在双乳之间扑些微光铜色粉末,以让这一区域显得更加"深邃"。

另一家 Itty Bitty 胸罩公司(www.ittybittybra.com),致力于同样的目标。他们生产的胸罩款式漂亮、极具装饰性,杯型从 A 到 B。卢拉·卢(Lula Lu)是加利福尼亚一家小号妇女内衣公司,也专营市面上紧俏的小号胸罩,诸如杯型在 AA 到 A 之间的型号,以及身材娇小人群适穿的内衣。尽管自称"小号"内衣店,店铺老板埃伦·星(Ellen Shing)却说这与人体高度没有关联(时尚界对"小号妇女服装"的定义一

提/高/鼠/丘:/为/什/么/说/半/杯/胸/罩/ 是/专/门/为/你/设/计/的/

不管你是想增大尺码还是仅为寻求舒适,半杯胸罩绝对是你的不二之选,因为半杯胸罩就是以小胸女性为设计蓝本的。它拥有最小的覆盖面,但其倾斜的罩杯将双乳拢向中间,制造出乳沟并将乳房提高。半杯罩杯中的钢托设计得更细、更短,以防其跳脱出来戳痛娇小的穿着者。

般是指身高在 5.4 英尺以下),而是指身形和胸围,他们还有 6 英尺高的顾客呢。

星自己是 36A,她说自己的号码非常"奇怪",因为胸罩后背带子更长而前胸围却很小。无数次内衣店的失望之行让她的信心丧失殆尽,因为凡是她喜欢的款式,一准没有她的号。"并不是因为生产厂家不生产 36A,而是因为很多店铺不备这样号码的货,而且在售罄之后也不再添货。"

星说,"我于是很想知道我其他朋友选购胸罩时的经历,因为她们中有的人甚至比我的号码还要小。我四下询问,打听到各种各样的小店,比如说,她们经常被建议去童装部看看,即使是她们全都已经是成年女性了!所以,在几番苦苦寻觅之后,我决定冒险一试,自己开店并注册了商务网址,因为这似乎是个商机。"

星最终推出了自己的胸罩品牌——卢拉·卢小号妇女内衣,因为在现有品牌中，她无法找到更多的款式和规格以满足自己的客户所需。星的产品可在 www.lulalu.com 上网购到。"我真享受目前我做的事情，因为我感觉，我的店和网址让很多小胸的女性感到：'哈哈，这里有我的尺码的胸罩啊！'而不是像每次去逛过其他内衣店后那样空留沮丧，感觉好像都是自己的错一样。"她这样说。

跟星和劳一样，比塔·萨维斯（Bita Saviss）同样致力于为小胸的女性找到合适的胸罩，只不过她想要的是那种款式很棒的拢胸胸罩。于是她也自力更生。"这款 Lavand Distraction 胸罩来自于我自身的需要。我找不到我一直都想要的那种既能帮我最大限度挤出乳沟，又有自然的外观和感觉的拢胸胸罩。另外，各种胸罩衬垫我全试过来了，我总是担心别人会看出来或是它们自己掉下来！我想要创造一款舒适、轻便，可以让我全天穿戴的拢胸胸罩，

一款令人惊叹到可以改变主意不想再去做胸部植入手术的胸罩。"

萨维斯说，她的胸罩是市面上唯一一款可以为乳房增大两个罩杯的款式，而且舒适到可以全天穿戴。这个款式被记者们称为"$88 boob job"，也是可以供你选择在某种程度上增加自己罩杯号的款式，可以增大一到两个罩杯号。她经营多达 80 个胸罩型号，此外还基于客户个人需要定制特规胸罩。你可在 www.bitasaviss.com 上下单。

大胸女性需要面对的另外一个挑战是，也许她们的尺码根本就没有在规格表中出现。胸罩尺码的计算是基于假定女性胸罩带的长短与其罩杯号之间有一英寸多一点的差异。如果你恰好属于没有这点差异的那一群人，最好的办法也许就是到店里选择一款最接近自己的型号，然后加入一些衬垫将其撑满。

高山 vs.鼠丘:姐妹对峙

我问过一些朋友——其中既有大胸的人,也有小胸的人,我让她们帮我罗列出各自的优势!下面就是她们分别列出的前 10 项:

小胸女性之优势:

1. 无后背疼痛现象。

2. 几乎可穿各种 T 恤衫,而不会冒"性感淫荡"之大不韪,应聘面世中也不太会那么"老套"。

3. 在恤衫和裙装下可穿戴真实尺码的胸罩,而不必非得穿件大号的。

4. 可以穿比基尼上装而又不会显得过于暴露。

5. 趴着也不会有压痛。

6. 乳房下面不会出汗。

7. 不必过分担心乳房下垂。

8. "真空上阵"亦可坚挺,通过使用拢胸胸罩制造出乳沟——两个世界随意游走!

9. 可以选择性感款式,不用穿那种"老太太式样"的收缩感胸罩。

10. 男人们会与你目光交汇(而不是只盯着你的胸部)。

大胸女性之优势:

1. 有助于制造出曲线美。

2. 营造出腰部纤细的视觉。

3. 给你一个理由,可以直接把体重秤上的数字减掉 5 至 10 磅。

4. 更容易把衣服"撑起来"。

5. 不必担心无吊带衣服会滑落。

6. 没有"假广告"的嫌疑。所见即所得!

7. 无须把钱花在"肉片"、拢胸胸罩或其他类似的东西上——你有天然的乳沟!

8. 经常令小胸女性艳羡。

9. 从不会被人搞错了性别。

10. 男人的至爱。

爱我们的乳房本真的模样

许多人在照镜子的时候,看到的是与外界所见全然不同的东西,这就是所谓的"自我缺憾"(比如说乳房过大、太小、下垂,或是大小不一),在旁人眼中也许微不足道的地方,在自己这里就扎眼得不得了。

人体形象顾问莎拉·玛丽亚(Sarah Maria)说,这都要归咎于社会。"作为社会一分子,我们必须以某种美丽的姿态示人。我们认同这类形象并将其内化,认为我们应该依照某种外界的审美标准过活。我们试图获得某种理想化的美丽,却与联系内在、自身固有的美丽背道而驰。一旦如此,女性会备受煎熬。"

通过内衣塑造理想体形或掩盖所谓的"缺陷"的做法由来已久。19 世纪和 20 世纪的紧身衣通过将乳房托起、将腰部收紧以突出女性的腰、髋和臀部,制造出令人垂涎的迷人曲线。如今,面对如此众多的选择,我们很容易就会为自己的身材而疯狂。玲珑身材丰硕乳房正是流行时,我们不仅把大把银子花在内衣店昂贵的胸罩内衣上,还送往健身房,送到整形医生的诊所里去。

尽管让一位女性接受自己原本的模样并非总是现实的,你还是可以采取一些步骤,至少让自己看待自己的时候更平静些。玛丽亚说，首先要认清到底是什么让你觉得自己的身体和乳房让你无法接受。"学会剖析这些想法，并从中窥见真实的自己。意识到

这些想法并无其实，除非你自己给予其实，这非常重要。那些让你感觉自己的身体很糟糕的想法，是可以通通被忽略和摒弃掉的。"

"人们说，美来自内在，所以，买一款漂亮的胸罩吧！"
——梅莉莎·里弗斯（Melissa Rivers）

www.myintimacy.com 网站建议:"尽量培养那种总体上积极的态度来对待自己的乳房和身体。决心就爱它们本真的模样。要知道,你的乳房会陪伴你一生。改变自己的态度,一切尽在你的掌握之中。"

188

本章,以及本书教给我们的是:无论包裹是大是小,都会有好东西,当然,一款正确的胸罩会帮助你"物尽其用"——不论包裹是什么样的。胸罩不应该只是一根拐杖,而应该是一种工具,一种让你尽所能令自己看上去更美、感觉更好的工具——从内到外!

选购指南

· ·

本书的阅读到此结束，你现在肯定想去 shopping 了！这里是来源于各种书刊的最有价值的提示汇编，可供你随身携带作为参考。

1. 选择去有大一些的胸罩选购区与训练有素的导购员的商店。

2. 尽量避免在每个月那几天"特殊的日子"里去选购胸罩。要知道在经期里，你的胸部会变大到涨满整个罩杯！

3. 购物时带上你计划采买的清单，比如说，两件肉色的，两件黑色的，一件无吊带的，一件运动式的，一件舒适感无钢托

的——当然，这些因人而异。记住，肉色的是百搭的。

4. 要知道自己的尺寸以方便选购。比如，如果你的身材是重量级"苹果"形，你要尽量选择全罩杯而不是半罩杯的。

5. 穿着或是带上你最薄的 T 恤前去试穿，这样你可以看到所选胸罩穿在薄衣物下时的状态。

6. 在商店中选择一位让你感觉舒服的导购员，让她为你量一量尺寸，帮你找到合适的型号。

7. 对于自己的尺寸，要持开放态度。如果对其感到惊讶抑或失望，请记住，那只不过是个数字

189

或是字母而已！贴身舒适才是硬道理！

8.）尺寸只不过是个指导方向，试穿依然十分必要！

9.）如果穿着紧绷，而你钟爱的这种款式又没有你的尺寸，不妨提高型号数字、降低罩杯尺寸。例如，如果你是34DD，不妨试一下36D合适与否。

10.）不要害怕戴上胸罩站到镜子前面客观地正视自己。如果发现不够贴身、胸部未被完全包裹住、罩杯未被填满，以及其他不够贴身的迹象，就说明这件不合适。转个身，看看后面怎么样。说到贴身与否，后背处的搭扣也很能说明问题。

11.）别忘记那些胸罩附件，以避免不必要的尴尬。最好常备胸罩衬垫和双面胶带。

12.）不要让自己受尺寸规定的束缚。记录下你此次购物的日子，六个月之后再去一次！

保养常识

．．

即使胸罩不是你所有衣物中最为重要的那类物品，也至少会是其中之一。但是提到保养，它们常常会被忽略。实际上，胸罩有可能是最受尽我们的伤害与虐待的那一类衣物。我们未做任何保护地直接将它们扔进洗衣机里去搅拌，令钢托扭曲，把罩杯的形状破坏掉，不做替换日复一日地把一件穿到底，而一旦丧失了最初的舒适感与支撑力度，它们得到的便是我们的咒骂。

保养胸罩很是重要，但我知道大家都很忙。让每位女性都花时间对胸罩采用手洗的方式似乎不太现实。下面的这些小窍门可以以某种方式延长胸罩的寿命，

同时让你看上去永远漂亮有型，不会破坏你的风度。

洗晾

我们知道胸罩最好的洗涤方式是手洗，用类似浣丽冷洗精或是"常新"牌这种碱性洗涤液等等温和的洗涤剂进行浸泡。这样，你的胸罩可以延长 30％ 的寿命。但并不是说洗衣机就是大敌，只不过在用洗衣机洗涤胸罩的时候你要注意以下事项：

◉ 勿忘查看商标说明。如果这件胸罩需要特殊的洗涤方式，你需要按照指示说明去做。

◉ 传统的前开门的洗衣机是首选——因为不用转筒的洗涤方

192

式，对衣物来说会更加柔和。如果你没有这样的洗衣机，要记得使用干净的洗衣袋——有些洗衣袋是专门用作洗涤胸罩的，或是类似"胸罩宝贝"那样的球形塑料胸罩洗涤保护壳。使用"胸罩宝贝"这样的东西，可以在最后甩干的时候帮助保持罩杯的形状。如果胸罩是随意被扔进了洗衣机而未加保护，滚筒式洗衣机尤其会对吊带和背带产生伤害，而且带子还会因为挂到滚筒上而遭到损坏。对于带有钢托的胸罩，洗衣机会扭损钢托，毁损织物，令其跳丝，需要后期再作修复。

◎记住首先要将挂钩扣上，以免挂上其他衣物。

◎请勿使用漂白剂，要使用温和的洗涤剂。

◎尽量使用洗衣机的柔和洗涤方式（大多数洗衣机都有"精细洗涤"方式），并且使用冷水。胸罩的材质是非常精细的纤维，过热的水会损害它们。

尽管只要你够仔细，使用洗衣机洗涤胸罩是没有问题的，但是，洗衣机的烘干程序却是不可取的——烘干机的热度对胸罩极其有害！你应该采用悬挂风干，或是平放令其自然干透。帮助胸罩在晾干的过程中保持原型的一个不错选择是 Bra Smart。你只需将胸罩放进塑料胸型模子中，通过上面的通风槽使胸罩晾干。这种模子上配有挂钩以方便悬挂。

不管怎样，不要干洗及熨烫你的胸罩。需要再次提醒的还有，让你的胸罩暴露在高温之下也是不可取的！

如果你非常幸运地拥有一个会负责洗衣服的老公，教会他这些常识，或者干脆把胸罩拿到一边不假手于他。他或许并不晓得这样小心翼翼的重要性。

存放

存放方式同样决定胸罩的使用寿命。存放胸罩的最好方式是将其在抽屉中展开平放，一件一件叠加在一起。后一件胸罩的罩杯部分可以"坐"进前一件胸罩的罩杯中，之间垫进去一些纸巾。永远不要将胸罩的两只罩杯扭转折叠，或是胡乱将胸罩塞进过于狭塞的地方，否则会对罩杯与杯托产生永久性损害。

携带

将胸罩打包进行李去旅行是一件特别麻烦的事。为避免旅途中对其构成损伤，可以将袜子等较柔软的小东西塞进罩杯中以保持罩杯形状，可使其自然平卧在你的行李箱中的一角，最好那地方上面不再压放其他东西。

另一个办法是，选择胸罩形状的小包，比如"牛皮公司"出品的胸罩袋（www.thebragcompany.com）。这家出品 Bra Smart 的公司也生产那种避免胸罩在行李箱中遭到挤压的旅行袋。你可以在这个网站上找到——www.smartbroad.com。

延长胸罩使用寿命的小窍门

◎ 经常洗涤——尽可能在每次使用之后都洗涤一下，以清除日常穿着带来的污垢和油渍。

◎ 如果没有在每次穿用之后洗涤，至少不要连续穿用一件胸罩。每隔三四天要更换一件，让那件一直穿用的胸罩有一两天的休息时间。持续与我们的身体接触，身体的热度会令胸罩越穿越松，质量老化。

如何知道胸罩到期需要更换了

一般来说，一件经常穿用的胸罩由于拉伸、使用、破损等因素，需要在使用大约六个月后予以更换，就舒适性与支撑作用而言，这只不过是一笔微不足道的开支罢了！下面的一些提示即说明要将旧胸罩"开除"弃用了：

◎ 穿用一段时间之后，你感觉自己需要使用更紧的一排搭扣，这

193

说明织物经过不断拉伸已经变松了。

◉ 织物开始褪色。

◉ 织物看上去开始老旧。

◉ 罩杯托戳了出来。

使用上述窍门,你和你的胸罩会一起度过很长的一段快乐时光!

延 展 阅 读

　　想要获得更多关于胸罩与本书的资讯，请访问下列网址：www.thebrabook.com。本书未尽资讯，尽在该网站中——有意思的胸罩故事、典故和传说，还有珍妮自己选购的样式，以及网上购物指南，另有有趣的填字游戏穿插其中。如此丰富的胸罩资讯，只在网站上才可获得！

　　同时可搜索下列网址：www.thebrabook.com/onfacebook 和 www.twitter.com/thebrabook。